2019年中国小麦质量报告

◎ 胡学旭　　王步军　　主编

U0272121

中国农业科学技术出版社

图书在版编目（CIP）数据

2019 年中国小麦质量报告 / 胡学旭，王步军主编 . —北京：中国农业
科学技术出版社，2020.9
　ISBN 978-7-5116-4787-0

　Ⅰ . ① 2… Ⅱ . ①胡… ②王… Ⅲ . ①小麦—品种—研究报告—中国—
2019 ②小麦—质量—研究报告—中国— 2019 Ⅳ . ① S512.1

中国版本图书馆 CIP 数据核字（2020）第 097369 号

责任编辑　王惟萍
责任校对　马广洋

出 版 者　中国农业科学技术出版社
　　　　　北京市中关村南大街 12 号　邮编：100081
电　　话　（010）82106625（编辑室）（010）82109704（发行部）
　　　　　（010）82109703（读者服务部）
传　　真　（010）82106650
网　　址　http://www.castp.cn
经 销 者　各地新华书店
印 刷 者　北京建宏印刷有限公司
开　　本　898mm×1 194 mm　1 /16
印　　张　6.25
字　　数　168 千字
版　　次　2020 年 9 月第 1 版　2020 年 9 月第 1 次印刷
定　　价　68.00 元

《2019年中国小麦质量报告》

编辑委员会

主　　编	胡学旭	王步军			
副 主 编	孙丽娟				
委　　员	吕修涛	刘录祥	马有志	万富世	郑　军
	王步军	王乐凯	田纪春	周　玲	邓志英
编写人员	王步军	胡学旭	孙丽娟	陆　伟	吴　丽
	李为喜	张慧杰	张　妍	金龙国	杜文明
	董建涛	屈　悦	李京珊	汪　莹	徐　琳
	胡　清	王宝清	戴常军	赵明一	胡京枝
	余大杰	郝学飞	曹颖妮	魏　红	

前 言

PREFACE

　　《2019年中国小麦质量报告》由农业农村部种植业管理司组织专家编写，中央财政项目等资金支持。农业农村部谷物品质监督检验测试中心、农业农村部谷物及制品质量监督检验测试中心（哈尔滨）承担样品收集、质量检测、实验室鉴评和数据分析。

　　2019年在河北、山西、内蒙古、江苏、安徽、山东、河南、陕西8个省（区）征集小麦样品619份、品种231个。其中，强筋小麦样品238份，品种51个；中强筋小麦样品127份，品种52个；中筋小麦样品248份，品种125个；弱筋小麦样品6份，品种3个。检测的质量指标包括硬度指数、容重、水分、粗蛋白含量、降落数值5项籽粒质量指标，出粉率、沉淀指数、湿面筋含量、面筋指数4项面粉质量指标，吸水量、形成时间、稳定时间、拉伸面积、延伸性、最大拉伸阻力6项面团特性指标，面包体积、面包评分、面条评分3项产品烘焙或蒸煮质量指标。

　　《2019年中国小麦质量报告》根据品种品质分类，按强筋小麦、中强筋小麦和中筋小麦编辑质量数据，每份样品给出样品编号、品种名称、达标情况、样品信息和品质数据信息。

　　《2019年中国小麦质量报告》科学、客观、公正地介绍和评价了2018—2019年度中国主要小麦品种及其产品质量状况，为从事小麦科研、技术推广、生产管理、收贮和面粉、食品加工等产业环节提供小麦质量信息。通过种粮大户抽样送样，质量报告中增加了样品来源信息，实现种粮大户和用麦企业有效对接。对农业生产部门科学推荐和农民正确选用优质小麦品种，收购和加工企业选购优质专用小麦原料，市场购销环节实行优质优价政策，都具有十分重要的意义。

　　受样品特征、数量等因素限制，报告中可能存在不妥之处，敬请读者批评指正。

农业农村部种植业管理司

2019年12月

相关业务联系单位

农业农村部种植业管理司粮油处
北京市朝阳区农展馆南里 11 号
邮政编码：100125
电话：010-59192898，传真：010-59192865
E-mail: nyslyc@agri.gov.cn

农业农村部谷物品质监督检验测试中心
北京市海淀区中关村南大街 12 号
邮政编码：100081
电话：010-82105798，传真：010-82108742
E-mail: guwuzhongxin@caas.cn

农业农村部谷物及制品质量监督检验测试中心（哈尔滨）
黑龙江省哈尔滨市南岗区学府路 368 号
邮政编码：150086
电话：0451-86665716，传真：0451-86664921
E-mail: dcj8752@163.com

农业农村部谷物品质监督检验测试中心（泰安）
山东省泰安市岱宗大街 61 号
邮政编码：271018
电话：0538-8248196-1，传真：0538-8248196-1
E-mail: sdau-gwzj@126.com

农业农村部农产品质量监督检验测试中心（郑州）
河南省郑州市金水区花园路 116 号
邮政编码：450002
电话：0371-65732532，传真：0371-65738394
E-mail: hnzbs@sina.cn

目录
CONTENTS

1 总体状况

1.1 样品分布

2019 年，从中国 8 个省（区）征集小麦样品 619 份、品种 231 个。其中，强筋小麦样品 238 份，品种 51 个，来自 126 个县（区、市、旗）；中强筋小麦样品 127 份，品种 52 个，来自 87 个县（区、市、旗）；中筋小麦样品 248 份，品种 125 个，来自 135 个县（区、市、旗）；弱筋小麦样品 6 份，品种 3 个，来自 5 个县（区、市）（图 1-1）。

中国达标小麦情况说明。达到 GB/T 17982 优质强筋小麦标准（GB）的样品 40 份，品种 21 个，来自 35 个县（区、市、旗）；达到郑州商品交易所强筋小麦交割标准（ZS）的样品 132 份，品种 51 个，来自 87 个县（区、市、旗）；达到中强筋小麦标准（MS）的样品 54 份，品种 39 个，来自 45 个县（区、市、旗）；达到中筋小麦标准（MG）的样品 197 份，品种 120 个，来自 117 个县（区、市、旗）；达到 GB/T 17983 优质弱筋小麦标准（WG）的样品 2 份，品种 2 个，来自 2 个县（区、市）。

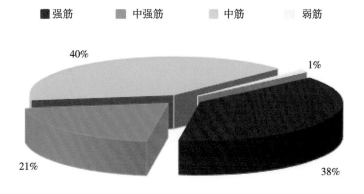

图 1-1　各品质类型小麦样品比例

1.2 总体质量

2019 年小麦总体质量分析，如表 1-1 所示。

表 1-1 总体质量分析

品种类型	强筋小麦	中强筋小麦	中筋小麦	弱筋小麦	总平均
样品数量	161	79	238	28	
籽粒					
硬度指数	64	61	62	53	62
容重(g/L)	816	813	808	797	812
水分(%)	10.8	10.9	10.8	10.8	10.8
粗蛋白(%,干基)	14.3	13.5	13.8	11.9	13.9
降落数值(s)	402	389	386	358	392
面粉					
出粉率(%)	68.2	67.3	67.7	65	67.8
沉淀指数(mL)	38.4	31.5	27.9	24.3	32.6
湿面筋(%,14%湿基)	30.0	29.6	31.7	25.2	30.5
面筋指数	90	76	57	83	74
面团					
吸水量(mL/100 g)	61.2	58.9	60.1	54.2	60.2
形成时间(min)	7.6	4.4	3.1	1.9	5.1
稳定时间(min)	15.5	7.4	3.9	3.6	9.1
拉伸面积135(min)(cm^2)	136	88	85	100	122
延伸性(mm)	156	133	145	115	150
最大拉伸阻力(E.U)	692	503	441	669	634
烘焙评价					
面包体积(mL)	868	808	890		865
面包评分	85.8	79.1	88.2		85.5
蒸煮评价					
面条评分	83.6	82.1	81.7		82.3

1.3 达标质量

2019 年小麦达标质量分析，如表 1-2 所示。

表 1-2 达标质量分析

质量标准	GB/T 17892强筋标准（GB）		郑州商品交易所强麦交割标准（ZS）			年报标准		GB/T 17893 弱筋标准（WG）
达标等级	一等(GB1)	二等(GB2)	升水(ZS1)	基准(ZS2)	贴水(ZS3)	中强筋(MS)	中筋(MG)	
籽粒								
硬度指数	62	63	63	64	65	61	62	52
容重(g/L)	802	814	811	819	816	817	813	795
水分(%)	10.3	10.2	11.5	10.6	10.7	10.9	10.9	11.2
粗蛋白(%,干基)	16.6	15.6	16	15.2	14.6	14.0	13.8	10.7
降落数值(s)	379	412	406	423	406	399	390	349
面粉								
出粉率(%)	70.0	69.5	69.7	69.3	68.6	67.1	67.6	64.5
沉淀指数(mL)	44.6	40.0	44.5	41.2	40.4	31.8	28.8	20.5
湿面筋(%,14%湿基)	36.0	33.3	34.2	31.8	30.5	31.0	31.5	21.1
面筋指数	86	90	93	94	91	73	60	89
面团								
吸水量(mL/100 g)	61.5	61.8	62.7	61.5	61.4	59.1	60.0	53.2
形成时间(min)	10.2	9.2	10.0	8.9	7.5	5.0	3.3	1.2
稳定时间(min)	18.5	18.0	21.8	20.8	17.0	8.7	4.1	1.5
拉伸面积135(min)(cm^2)	164	133	175	151	135	80		
延伸性(mm)	188	161	187	161	157	133		
最大拉伸阻力(E.U)	710	650	739	740	673	447		
烘焙评价								
面包体积(mL)	876	882						
面包评分	87.6	87.3						
蒸煮评价								
面条评分				81.2	82.7	82.4	82.2	

1.4 强筋小麦、中强筋小麦、中筋小麦和弱筋小麦典型粉质图、拉伸图

中国强筋小麦、中强筋小麦、中筋小麦和弱筋小麦典型粉质图与拉伸图，如图 1-2-1、图 1-2-2、图 1-2-3 和图 1-2-4 所示。

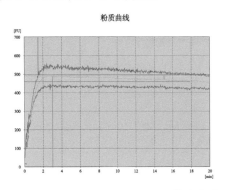
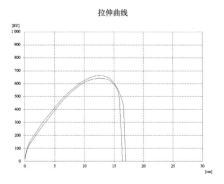

图 1-2-1 强筋小麦典型粉质图（左）与拉伸图（右）

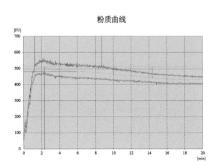
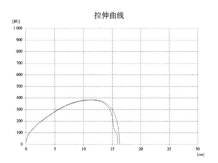

图 1-2-2 中强筋小麦典型粉质图（左）与拉伸图（右）

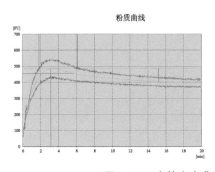
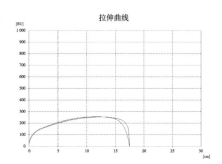

图 1-2-3 中筋小麦典型粉质图（左）与拉伸图（右）

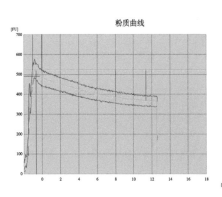
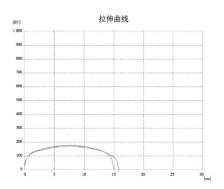

图 1-2-4 弱筋小麦典型粉质图（左）与拉伸图（右）

2 强筋小麦

2.1 品质综合指标

中国强筋小麦中，达到 GB/T 17982 优质强筋小麦标准（GB）的样品 39 份，达到郑州商品交易所强筋小麦交割标准（ZS）的样品 82 份；达到中强筋小麦标准（MS）的样品 2 份；达到中筋小麦标准（MG）的样品 22 份；未达标（—）样品 93 份。强筋小麦主要品质指标特性如图 2-1 所示，达标小麦样品比例如图 2-2 所示。

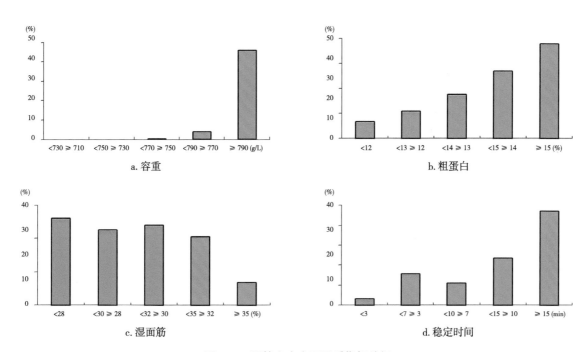

图 2-1 强筋小麦主要品质指标特征

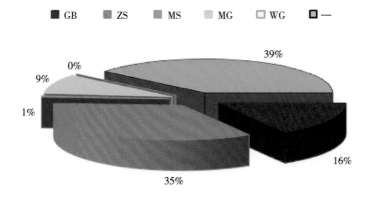

图 2-2 达标小麦样品比例

2.2 样本质量

2019年强筋小麦样品品质分析统计，如下表所示。

表 样品品质分析统计

样品编号	190122	190082	190080	191001	2019XM0048	2019XMZ218	190079	191002
品种名称	安1302	博远2018	博远528	泛麦8号	泛麦8号	泛麦8号	泛育麦17	泛育麦17
样品来源	安徽太和	河北永年	河北永年	河南滑县	河南淮阳	河南邓州	河南西华	河南滑县
达标类型	—	GB2/ZS3	ZS3	—	—	—	—	—
籽粒								
粒色	白	白	白	白	白	白	白	白
硬度指数	59	63	63	49	56	49	62	60
容重(g/L)	848	823	830	832	782	816	815	819
水分(%)	11.5	9.8	9.5	10.6	12.4	11.8	10.1	10.0
粗蛋白(%,干基)	12.9	15.8	13.7	13.2	13.3	12.5	14.4	14.5
降落数值(s)	334	458	404	360	407	344	407	387
面粉								
出粉率(%)	65.2	68.0	72.0	58.9	67.0	62.1	66.0	63.9
沉淀指数(mL)	47.8	45.5	31.5	41.5	52.0	58.0	46.0	47.0
湿面筋(%,14%湿基)	28.2	32.1	29.2	22.3	25.7	22.6	26.9	26.2
面筋指数		95	87	99			98	97
面团								
吸水量(mL/100 g)	59.4	62.5	57.6	53.7	54.9	51.5	58.5	59.3
形成时间(min)	2.9	6.7	8.0	2.3	5.9	1.5	3.7	2.3
稳定时间(min)	10.9	10.6	11.9	21.6	11.8	7.5	18.6	33.2
拉伸面积135(min)(cm²)	101	106	97	163	136	143	174	149
延伸性(mm)	139	146	121	148	156	139	165	133
最大拉伸阻力(E.U)	529	586	596	823	677	789	816	895
烘焙评价								
面包体积(mL)	900	860						
面包评分	89.0	89.7						
蒸煮评价								
面条评分	85.0						82.0	82.0

（续表）

样品编号	190470	190126	190165	190508	190025	190139	190156	190203
品种名称	丰德存麦5号	丰德存麦5号	丰德存麦5号	丰德存麦5号	丰德存麦5号	藁优2018	藁优2018	藁优2018
样品来源	河南郸城	河南济源	河南汝州	河南召陵	河南濮阳	河北宁县	河北清苑	河北柏乡
达标类型	ZS3/MS	ZS3	ZS3	—	—	ZS2	ZS3	ZS3
籽粒								
粒色	白	白	白	白	白	白	白	白
硬度指数	68	63	60	65	64	62	64	63
容重(g/L)	811	828	797	807	830	830	831	821
水分(%)	12.5	10.0	10.1	10.1	10.6	10.5	10.2	10.3
粗蛋白(%,干基)	13.5	13.3	13.8	14.1	15.7	14.5	14.7	14.7
降落数值(s)	418	381	428	472	406	440	389	385
面粉								
出粉率(%)	65.9	72.0	71.0	67.3	69.9	70.0	70.0	71.0
沉淀指数(mL)	46.0	31.0	31.0	33.0	30.0	38.0	39.5	35.5
湿面筋(%,14%湿基)	29.5	29.3	29.5	28.6	34.5	31.0	31.6	30.2
面筋指数		95	92	94	73	95	89	97
面团								
吸水量(mL/100 g)	67.2	60.8	60.0	60.4	59.6	58.4	58.6	59.8
形成时间(min)	5.7	5.5	6.8	9.5	9.7	7.5	4.2	4.3
稳定时间(min)	14.0	9.0	8.8	19.0	10.0	15.5	10.1	9.6
拉伸面积135(min)(cm²)	151	102	120	153	56	122	104	112
延伸性(mm)	169	172	164	121	115	162	161	172
最大拉伸阻力(E.U)	693	589	605	998	364	587	470	531
烘焙评价								
面包体积(mL)	880	830	830	830		830	830	830
面包评分	87.0	77.7	77.7	77.7		82.2	82.2	82.2
蒸煮评价								
面条评分	86.0							

（续表）

样品编号	190522	190544	190157	190209	190373	190040	190060	190083
品种名称	藁优2018	藁优2018	藁优5218	藁优5218	藁优5218	藁优5766	藁优5766	藁优5766
样品来源	河北邢台	河北临漳	河北清苑	河北泊头	河北成安	山东高唐	河北吴桥	河北永年
达标类型	ZS3	ZS3	ZS2	MG	MG	—	GB2/ZS3	GB2/ZS1
籽粒								
粒色	白	白	白	白	白	白	白	白
硬度指数	65	62	68	68	64	67	66	67
容重(g/L)	841	835	815	794	815	826	821	833
水分(%)	10.6	10.7	10.3	11.0	10.3	8.8	10.0	9.5
粗蛋白(%,干基)	15.2	14.8	14.8	13.9	12.9	15.6	15.5	16.4
降落数值(s)	420	456	361	400	393	412	361	423
面粉								
出粉率(%)	71.4	71.2	68.0	67.0	72.0	68.1	69.0	68.0
沉淀指数(mL)	36.5	31.0	37.0	27.0	25.5	33.0	37.0	39.0
湿面筋(%,14%湿基)	31.1	31.7	32.9	33.4	29.0	31.0	35.6	32.6
面筋指数	94	83	92	55	69	94	92	97
面团								
吸水量(mL/100 g)	59.1	60.7	62.8	63.3	58.3	63.7	64.6	63.2
形成时间(min)	3.0	5.4	7.3	3.3	2.5	15.5	6.2	29.4
稳定时间(min)	11.1	8.9	16.2	3.4	4.0	28.3	9.8	31.5
拉伸面积135(min)(cm²)	131	98	110			12	102	161
延伸性(mm)	155	147	167			153	166	164
最大拉伸阻力(E.U)	674	499	517			685	443	794
烘焙评价								
面包体积(mL)	830	830	760			860	860	860
面包评分	82.2	82.2	70.8			86.7	86.7	86.7
蒸煮评价								
面条评分								

样品编号	190159	190172	190186	190204	190222	190395	190545	190235
品种名称	藁优5766	藁优5766	藁优5766	藁优5766	藁优5766	藁优5766	藁优5766	藁优5766
样品来源	河北清苑	河南濮阳	河北故城	河北柏乡	河北吴桥	山东东阿	河北临漳	河北任县
达标类型	ZS3	GB2/ZS1	ZS3	—	ZS3	ZS3	ZS3	—
籽粒								
粒色	白	白	白	白	白	白	白	白
硬度指数	69	65	67	68	64	69	67	66
容重(g/L)	796	835	815	807	836	830	790	809
水分(%)	10.2	9.3	10.0	10.4	10.0	10.3	10.9	10.5
粗蛋白(%,干基)	15.3	16.1	15.5	14.3	14.8	15.3	15.6	13.4
降落数值(s)	347	447	445	366	444	416	442	388
面粉								
出粉率(%)	66.0	69.0	69.0	67.0	71.0	67.2	68.8	67.0
沉淀指数(mL)	34.5	37.0	34.0	39.0	40.0	31.5	31.0	24.0
湿面筋(%,14%湿基)	30.7	33.1	30.6	28.2	31.8	29.3	30.8	28.8
面筋指数	98	95	96	99	94	92	93	51
面团								
吸水量(mL/100 g)	62.5	65.0	63.0	62.8	56.1	64.0	60.8	62.5
形成时间(min)	10.3	10.7	2.7	2.4	3.2	2.2	9.8	3.0
稳定时间(min)	31.5	34.5	15.5	12.2	11.9	15.6	29.8	6.2
拉伸面积135(min)(cm²)	122	144	122	123	115	116	134	
延伸性(mm)	138	156	158	160	159	155	151	
最大拉伸阻力(E.U)	675	722	603	599	642	594	664	
烘焙评价								
面包体积(mL)	860	860	860	860	860	860	860	
面包评分	86.7	86.7	86.7	86.7	86.7	86.7	86.7	
蒸煮评价								
面条评分								

（续表）

样品编号	190457	190047	190031	190169	190334	190179	190516	190393
品种名称	藁优5766	华伟1号	华伟305	华伟305	淮麦30	济麦229	济麦229	济麦229
样品来源	山东滕州	河南滑县	河南夏邑	河南项城	江苏清江浦	山东惠民	山东陵城	山东东阿
达标类型	—	—	ZS3	ZS3	GB2/ZS2	ZS2	ZS2	—
籽粒								
粒色	白	白	白	白	白	白	白	白
硬度指数	67	63	64	61	62	66	67	71
容重(g/L)	824	839	833	844	781	818	810	822
水分(%)	12.9	9.5	9.9	9.5	10.5	9.3	10.3	10.2
粗蛋白(%,干基)	12.6	13.2	13.4	13.6	15.3	15.8	16.3	14.8
降落数值(s)	327	396	385	410	379	442	520	375
面粉								
出粉率(%)	68.2	73.0	73.5	73.0	70.0	67.0	67.6	64.1
沉淀指数(mL)	34.7	37.0	35.0	40.0	42.0	46.0	40.0	34.5
湿面筋(%,14%湿基)	24.7	33.6	30.3	29.0	32.0	31.6	31.3	26.6
面筋指数		85	94	89	85	98	97	96
面团								
吸水量(mL/100 g)	63.8	62.4	61.3	59.5	57.6	60.3	63.9	61.0
形成时间(min)	1.7	6.5	7.7	5.7	10.7	2.7	2.7	2.3
稳定时间(min)	3.4	13.1	15.7	13.2	15.9	17.7	13.1	13.0
拉伸面积135(min)(cm²)		88	104	127	153	215	184	121
延伸性(mm)		160	133	176	155	178	159	128
最大拉伸阻力(E.U)		423	587	557	782	965	879	735
烘焙评价								
面包体积(mL)		800	840	840	940	870	870	
面包评分		78.2	83.5	83.5	90.5	86.5	86.5	
蒸煮评价								
面条评分								

样品编号	190541	190178	190394	190515	190517	190542	190411	190372
品种名称	济麦229	济麦44	济麦44	济麦44	济麦44	济麦44	济南17	冀5766
样品来源	山东东平	山东惠民	山东东阿	山东陵城	山东宁阳	山东东平	山东即墨	河北成安
达标类型	—	GB2/ZS2	ZS3	ZS2	—	—	—	ZS3
籽粒								
粒色	白	白	白	白	白	白	白	白
硬度指数	64	61	64	63	64	63	65	63
容重(g/L)	825	818	834	822	813	817	790	777
水分(%)	10.2	9.7	10.1	10.3	10.3	10.4	10.0	10.4
粗蛋白(%,干基)	14.6	16.9	15.3	16.5	15.0	14.5	13.5	13.3
降落数值(s)	385	426	441	498	514	392	411	468
面粉								
出粉率(%)	68.7	67.0	67.0	69.8	69.5	68.2	65.3	67.0
沉淀指数(mL)	31.0	55.0	36.5	42.0	38.0	42.0	37.5	27.5
湿面筋(%,14%湿基)	27.1	34.1	29.9	31.4	28.9	28.8	31.4	30.2
面筋指数	96	92	87	94	94	88	68	80
面团								
吸水量(mL/100 g)	61.4	62.3	63.5	64.1	64.2	64.2	60.4	55.4
形成时间(min)	2.3	7.9	2.4	2.7	2.9	7.9	3.3	1.7
稳定时间(min)	14.1	29.3	11.9	28.9	16.5	14.0	6.8	10.5
拉伸面积135(min)(cm^2)	159	135	108	175	139	135		131
延伸性(mm)	148	180	142	153	146	142		139
最大拉伸阻力(E.U)	846	659	597	888	757	724		723
烘焙评价								
面包体积(mL)		890	890	890	890	890		
面包评分		87.7	87.7	87.7	87.7	87.7		
蒸煮评价								
面条评分								78.0

（续表）

样品编号	190123	190551	190250	190406	190262	190333	190399	190498
品种名称	津强6号	轮选49	明麦133	内麦17	农麦88	农麦88	山农111	山农111
样品来源	河北玉田	河北赵县	江苏大丰	内蒙古临河	江苏兴化	江苏宝应	山东新泰	山东宁阳
达标类型	GB2/ZS1	GB2/ZS1	GB2/ZS3	ZS2	GB1/ZS2	GB2/ZS2	—	ZS3
籽粒								
粒色	白	白	红	红	红	红	白	白
硬度指数	67	62	66	62	62	66	66	64
容重(g/L)	808	829	808	816	809	792	834	836
水分(%)	10.1	10.3	11.1	10.3	10.5	10.1	9.9	10.4
粗蛋白(%,干基)	15.8	16.3	14.9	16.1	15.6	15.3	14.2	14.1
降落数值(s)	340	367	404	339	366	384	385	513
面粉								
出粉率(%)	70.0	70.5	68.1	70.9	69.0	66.0	69.9	72.8
沉淀指数(mL)	42.0	42.0	42.0	47.5	45.0	39.5	30.5	34.0
湿面筋(%,14%湿基)	32.5	32.0	32.6	31.5	35.1	33.1	28.6	29.2
面筋指数	98	89	86	97	82	81	87	94
面团								
吸水量(mL/100 g)	61.1	58.7	60.3	60.2	61.1	62.9	58.7	60.4
形成时间(min)	6.5	7.7	3.4	12.5	6.2	7.5	2.2	9.5
稳定时间(min)	17.4	22.0	10.9	18.7	17.7	22.2	9.1	16.2
拉伸面积135(min)(cm²)	201	159	135	211	133	131	116	135
延伸性(mm)	216	198	136	221	170	141	142	161
最大拉伸阻力(E.U)	714	721	752	783	585	728	632	729
烘焙评价								
面包体积(mL)	990	920	880		870	870	830	830
面包评分	91.0	90.5	86.3		89.5	89.5	82.2	82.2
蒸煮评价								
面条评分								

（续表）

样品编号	190530	190455	190458	190464	190497	190531	190456	190400
品种名称	山农111	山农111	山农111	山农111	山农116	山农116	山农116	山农116
样品来源	山东郓城	山东滕州	山东肥城	山东嘉祥	山东宁阳	山东郓城	山东滕州	山东新泰
达标类型	GB2/ZS3	ZS3/MS	ZS3/MS	—	—	—	—	—
籽粒								
粒色	白	白	白	白	白	白	白	白
硬度指数	62	62	66	65	64	62	65	66
容重(g/L)	823	817	819	849	835	838	835	833
水分(%)	9.9	12.5	12.6	12.3	10.5	9.9	12.7	10.1
粗蛋白(%,干基)	15.1	14.2	14.6	11.4	14.4	14.2	12.4	13.0
降落数值(s)	548	356	341	407	446	459	378	409
面粉								
出粉率(%)	69.9	66.7	63.2	65.8	72.1	71.6	65.5	69.9
沉淀指数(mL)	38.0	47.0	42.0	43.7	34.0	32.5	44.0	31.0
湿面筋(%,14%湿基)	32.7	30.9	29.1	26.5	28.4	28.9	26.8	26.3
面筋指数	69				96	94		93
面团								
吸水量(mL/100 g)	61.3	60.6	61.4	62.5	60.4	59.7	60.1	59.1
形成时间(min)	5.0	2.0	8.0	2.2	11.8	10.7	1.9	2.0
稳定时间(min)	9.1	25.6	29.8	7.1	18.2	24.8	20.0	9.9
拉伸面积135(min)(cm²)	101	141	144	85	113	137	137	109
延伸性(mm)	129	140	139	134	150	139	136	141
最大拉伸阻力(E.U)	569	790	795	483	619	789	804	602
烘焙评价								
面包体积(mL)	830	800			820	820	820	
面包评分	82.2	80.0			81.8	81.8	81.0	
蒸煮评价								
面条评分		87.0	85.0	85.0			85.0	

（续表）

样品编号	190398	190499	190158	190185	190200	190205	190213	190237
品种名称	山农26	山农26	师栾02—1	师栾02—1	师栾02—1	师栾02—1	师栾02—1	师栾02—1
样品来源	山东新泰	山东宁阳	河北清苑	河北故城	河北桃城	河北柏乡	山东广饶	河北任县
达标类型	MG	—	ZS3	ZS2	ZS3	ZS3	—	ZS3
籽粒								
粒色	白	白	白	白	白	白	白	白
硬度指数	65	64	65	65	65	64	66	67
容重(g/L)	833	805	820	819	831	828	843	830
水分(%)	10.2	10.4	10.1	10.2	10.4	10.1	9.2	9.8
粗蛋白(%,干基)	15.3	15.2	15.2	16.4	16.1	15.9	15.1	14.8
降落数值(s)	387	486	345	428	415	384	330	321
面粉								
出粉率(%)	67.0	68.1	67.0	70.0	70.0	69.0	69.0	68.0
沉淀指数(mL)	28.5	36.0	36.5	41.5	36.5	48.0	37.0	38.0
湿面筋(%,14%湿基)	31.7	33.9	29.8	31.5	30.5	30.0	28.8	29.5
面筋指数	56	58	98	97	99	100	98	95
面团								
吸水量(mL/100 g)	65.0	65.0	60.0	59.8	58.9	59.7	58.1	60.4
形成时间(min)	4.0	4.8	7.2	2.9	2.7	2.4	2.5	2.7
稳定时间(min)	5.6	6.2	17.4	20.6	14.6	11.4	23.7	12.2
拉伸面积135(min)(cm²)			140	222	201	218	170	153
延伸性(mm)			182	203	191	190	159	185
最大拉伸阻力(E.U)			604	827	823	945	877	659
烘焙评价								
面包体积(mL)			880	880	880	880	880	880
面包评分			90.3	90.3	90.3	90.3	90.3	90.3
蒸煮评价								
面条评分								

（续表）

样品编号	190371	190390	190410	190524	190477	190183	190502	190481
品种名称	师栾02—1	师栾02—1	师栾02—1	师栾02—1	师栾02—1	泰科麦33	泰科麦33	万丰269
样品来源	河北成安	山西芮城	河北大名	河北邢台	河南辉县	山东滕州	山东莱州	河南建安
达标类型	ZS3	ZS3	ZS3	ZS3	ZS3/MS	ZS3	ZS1	ZS2
籽粒								
粒色	白	白	白	白	白	白	白	白
硬度指数	64	63	67	67	61	64	60	64
容重(g/L)	777	841	825	840	818	832	822	830
水分(%)	10.1	10.2	10.1	10.7	12.7	10.1	10.3	10.6
粗蛋白(%,干基)	13.3	14.7	15.2	15.6	15.5	15.1	16.4	14.8
降落数值(s)	504	444	418	376	346	409	407	469
面粉								
出粉率(%)	71.0	70.3	69.5	69.3	69.1	69.0	68.7	69.9
沉淀指数(mL)	30.5	34.5	37.0	40.0	57.7	34.0	42.5	38.0
湿面筋(%,14%湿基)	29.4	30.5	30.2	29.8	29.4	33.4	34.6	31.0
面筋指数	82	86	96	99		84	93	91
面团								
吸水量(mL/100 g)	53.4	60.2	59.4	59.8	59.2	59.8	62.4	60.9
形成时间(min)	1.7	5.8	2.2	2.5	20.5	7.7	9.2	8.5
稳定时间(min)	11.0	10.2	15.4	17.2	38.6	10.8	16.0	30.8
拉伸面积135(min)(cm²)	128	102	200	179	232	104	170	173
延伸性(mm)	133	153	187	214	171	159	205	170
最大拉伸阻力(E.U)	752	513	830	752	1089	502	644	784
烘焙评价								
面包体积(mL)	880	880	880	880	900	770	770	800
面包评分	90.3	90.3	90.3	90.3	88.0	72.2	72.2	72.6
蒸煮评价								
面条评分					86.0			

（续表）

样品编号	190549	190012	190016	190042	190055	190187	190095	190476
品种名称	万丰269	伟隆169	伟隆169	伟隆169	伟隆169	伟隆169	伟隆169	伟隆169
样品来源	河南遂平	安徽太和	安徽涡阳	江苏淮阴	安徽涡阳	安徽	安徽埇桥	河南辉县
达标类型	ZS2	—	—	ZS3	—	—	—	—
籽粒								
粒色	白	白	白	白	白	白	白	白
硬度指数	62	65	65	63	64	59	58	61
容重(g/L)	837	842	821	818	832	824	837	838
水分(%)	10.1	8.7	9.5	8.5	10.0	11.2	13.1	12.5
粗蛋白(%,干基)	15.3	14.5	15.0	13.8	14.0	13.2	11.8	13.1
降落数值(s)	461	383	459	401	373	429	419	342
面粉								
出粉率(%)	70.9	72.2	67.8	72.0	72.0	63.3	62.7	65.0
沉淀指数(mL)	29.0	34.0	39.0	44.0	39.0	53.3	45.0	45.0
湿面筋(%,14%湿基)	31.2	27.9	28.8	29.0	28.0	27.5	23.7	27.5
面筋指数	93	98	98	96	96			
面团								
吸水量(mL/100 g)	62.7	57.9	60.7	56.8	57.9	60.2	58.8	59.6
形成时间(min)	9.2	21.0	23.5	9.7	2.5	2.5	1.9	10.7
稳定时间(min)	23.2	35.1	28.9	27.6	16.6	17.3	34.3	23.4
拉伸面积135(min)(cm²)	141	159	177	159	138	144	154	182
延伸性(mm)	160	128	147	148	143	156	119	141
最大拉伸阻力(E.U)	686	989	1016	822	743	716	1049	1076
烘焙评价								
面包体积(mL)	800	850	850	850	850	810	820	
面包评分	72.6	86.3	86.3	86.3	86.3	82.0	81.0	
蒸煮评价								
面条评分						84.0	86.0	84.0

（续表）

样品编号	190018	190020	190023	190035	190059	190062	190180	190359
品种名称	伟隆169	伟隆169	伟隆169	伟隆169	伟隆169	伟隆169	伟隆169	伟隆169
样品来源	安徽蒙城	安徽埇桥	江苏宿城	江苏泗洪	江苏沭阳	江苏泗阳	安徽寿县	河南建安
达标类型	—	—	—	—	MG	—	MG	—
籽粒								
粒色	白	白	白	白	白	白	白	白
硬度指数	67	70	68	67	67	67	59	68
容重(g/L)	846	837	821	826	822	821	841	817
水分(%)	8.6	9.4	11.4	10.2	9.7	10.1	11.0	10.2
粗蛋白(%,干基)	12.7	11.2	13.3	13.2	13.0	11.6	15.1	12.5
降落数值(s)	449	417	434	355	393	363	363	421
面粉								
出粉率(%)	67.8	66.0	70.4	68.4	68.0	69.0	65.7	70.0
沉淀指数(mL)	32.5	27.5	29.5	31.5	34.0	30.5	38.8	33.5
湿面筋(%,14%湿基)	26.2	23.1	27.2	26.1	25.6	22.8	26.9	23.5
面筋指数	98	100	96	98	96	98		97
面团								
吸水量(mL/100 g)	56.3	60.1	58.4	58.3	58.1	58.3	59.0	57.0
形成时间(min)	1.8	1.7	9.2	13.2	2.0	1.7	1.9	1.7
稳定时间(min)	43.2	2.0	16.8	26.9	4.1	2.4	4.1	13.7
拉伸面积135(min)(cm²)	125		114	136				142
延伸性(mm)	106		135	118				125
最大拉伸阻力(E.U)	926		646	911				870
烘焙评价								
面包体积(mL)								
面包评分								
蒸煮评价								
面条评分								

（续表）

样品编号	190022	190036	190058	190510	190468	190075	190362	2019XM0057
品种名称	西农20	西农20	西农20	西农20	西农20	西农511	西农511	西农9718
样品来源	江苏宿城	江苏泗洪	江苏沭阳	河南召陵	河南郸城	河南鹿邑	河南建安	河南罗山
达标类型	GB2/ZS1	ZS3	—	ZS3	ZS3/MS	GB2/ZS2	—	ZS3
籽粒								
粒色	白	白	白	白	白	白	白	白
硬度指数	67	67	69	70	67	64	64	68
容重(g/L)	832	835	838	829	836	805	805	771
水分(%)	10.7	9.5	10.1	10.8	12.7	9.6	9.9	13.0
粗蛋白(%,干基)	15.4	14.3	13.2	13.5	15.4	14.6	14.2	16.6
降落数值(s)	409	386	360	446	403	390	374	355
面粉								
出粉率(%)	68.7	66.0	69.0	67.9	68.4	68.0	70.0	62.7
沉淀指数(mL)	34.0	36.0	34.0	34.0	49.0	37.5	31.5	51.0
湿面筋(%,14%湿基)	34.0	29.4	28.8	29.4	30.2	32.0	28.8	38.6
面筋指数	94	97	90	93		92	90	
面团								
吸水量(mL/100 g)	64.9	66.7	63.6	66.1	66.1	56.4	56.8	67.2
形成时间(min)	9.3	21.4	4.4	2.5	18.2	6.8	6.3	4.7
稳定时间(min)	18.4	22.1	8.5	21.0	21.1	14.1	14.1	11.4
拉伸面积135(min)(cm²)	144	141	101	137	147	116	126	107
延伸性(mm)	173	160	146	139	184	149	144	183
最大拉伸阻力(E.U)	664	740	509	775	638	611	665	425
烘焙评价								
面包体积(mL)	940	940	940	940	900	840	840	
面包评分	88.5	88.5	88.5	88.5	87.0	81.0	81.0	
蒸煮评价								
面条评分					84.0			

（续表）

样品编号	2019XMZ243	190421	190071	190511	190093	190361	2019XM0058	2019XMZ041
品种名称	西农9718	西农979	西农979	西农979	西农979	西农979	西农979	西农979
样品来源	河南西平	安徽阜南	河南长垣	河南召陵	安徽颍上	河南建安	河南桐柏	河南沈丘
达标类型	—	—	ZS3	ZS3	MG	—	—	—
籽粒								
粒色	白	白	白	白	白	白	白	白
硬度指数	69	65	68	68	67	69	64	69
容重(g/L)	814	818	789	831	826	825	794	830
水分(%)	11.6	10.7	10.8	10.6	9.9	9.9	12.5	14.1
粗蛋白(%,干基)	15.6	12.5	15.2	14.1	12.0	13.5	11.6	12.2
降落数值(s)	338	415	408	404	377	433	330	386
面粉								
出粉率(%)	64.1	69.6	65.0	67.8	65.0	70.0	63.8	66.9
沉淀指数(mL)	51.8	34.5	33.0	32.0	30.0	30.5	24.6	51.0
湿面筋(%,14%湿基)	32.5	27.6	34.6	29.6	25.4	26.2	26.3	28.0
面筋指数			85	94	96	94		
面团								
吸水量(mL/100 g)	69.2	64.5	67.2	66.5	63.5	64.6	61.0	67.2
形成时间(min)	4.3	2.5	4.2	2.5	2.2	3.2	2.3	20.2
稳定时间(min)	9.4	19.2	9.8	20.4	3.8	8.0	3.7	27.2
拉伸面积135(min)(cm²)	89	129	98	138		109		104
延伸性(mm)	168	145	130	146		133		126
最大拉伸阻力(E.U)	388	688	576	736		622		635
烘焙评价								
面包体积(mL)		850	760	760				
面包评分		84.0	74.3	74.3				
蒸煮评价								
面条评分		87.0						

（续表）

样品编号	2019XMZ068	2019XMZ209	2019XMZ216	2019XMZ241	2019XM0059	190167	190067	190073
品种名称	西农979	西农979	西农979	西农979	先麦10	项麦989	新麦26	新麦26
样品来源	河南罗山	河南郸城	河南邓州	河南西平	河南邓州	河南项城	河南长垣	河南长垣
达标类型	—	MG	MG	—	ZS1	ZS3	ZS3	ZS3
籽粒								
粒色	白	白	白	白	白	白	白	白
硬度指数	70	58	57	63	68	62	65	66
容重(g/L)	806	783	819	799	809	837	799	800
水分(%)	14.5	11.9	12.1	12.0	13.6	10.0	10.3	10.2
粗蛋白(%,干基)	11.8	14.1	13.5	12.9	15.6	13.4	16.0	15.9
降落数值(s)	356	326	377	327	357	437	442	462
面粉								
出粉率(%)	67.7	66.6	68.0	63.6	68.9	70.0	67.0	65.0
沉淀指数(mL)	47.5	33.3	33.0	49.0	51.0	37.0	68.0	44.0
湿面筋(%,14%湿基)	25.4	30.4	34.1	27.3	36.1	29.1	29.8	29.7
面筋指数						97	98	98
面团								
吸水量(mL/100 g)	65.5	57.6	58.2	60.7	67.1	57.8	63.4	65.6
形成时间(min)	18.7	3.3	3.7	2.8	17.8	8.0	30.0	36.6
稳定时间(min)	25.4	3.4	3.6	13.2	20.0	17.5	35.1	27.2
拉伸面积135(min)(cm^2)	121			142	156	133	189	199
延伸性(mm)	121			157	159	153	185	185
最大拉伸阻力(E.U)	779			700	753	687	880	937
烘焙评价								
面包体积(mL)							980	980
面包评分							92.5	92.5
蒸煮评价								
面条评分								

（续表）

样品编号	190074	190128	190195	190360	190396	190401	190474	190111
品种名称	新麦26	新麦26	新麦26	新麦26	新麦26	新麦26	新麦26	新麦26
样品来源	河南鹿邑	河南济源	河南浚县	河南建安	河南延津	河南安阳	河南辉县	安徽太和
达标类型	ZS3	—	GB2/ZS2	ZS3	—	ZS3	—	—
籽粒								
粒色	白	白	白	白	白	白	白	白
硬度指数	67	66	65	66	66	66	65	70
容重(g/L)	810	812	797	789	791	817	797	834
水分(%)	10.4	10.8	12.5	10.6	10.3	10.2	12.2	13.0
粗蛋白(%,干基)	15.8	15.4	16.7	14.9	14.6	15.4	15.3	15.4
降落数值(s)	405	415	444	444	511	445	383	345
面粉								
出粉率(%)	67.0	69.0	70.0	66.0	65.9	69.5	69.3	64.9
沉淀指数(mL)	49.5	48.5	47.0	50.5	40.5	40.0	59.0	61.0
湿面筋(%,14%湿基)	29.1	28.8	32.1	30.6	28.1	29.2	24.2	27.7
面筋指数	97	98	97	94	98	96		
面团								
吸水量(mL/100 g)	65.4	63.9	64.0	65.8	64.0	63.5	64.9	65.2
形成时间(min)	8.1	26.2	6.2	22.9	28.3	2.5	19.0	29.5
稳定时间(min)	29.4	32.7	15.9	24.5	27.1	9.6	23.0	13.3
拉伸面积135(min)(cm²)	144	172	126	176	169	169	187	166
延伸性(mm)	148	167	171	167	150	167	177	179
最大拉伸阻力(E.U)	771	824	550	842	868	781	808	731
烘焙评价								
面包体积(mL)	980	980	980	980	980	980	890	850
面包评分	92.5	92.5	92.5	92.5	92.5	92.5	89.0	86.0
蒸煮评价								
面条评分							86.0	87.0

（续表）

样品编号	190467	190473	190164	190509	190546	2019XM0061	2019XMZ042	2019XMZ060
品种名称	新麦26	新麦26	新麦26	新麦26	新麦26	新麦26	新麦26	新麦26
样品来源	河南郸城	河南祥符	河南汝州	河南召陵	河南遂平	河南新郑	河南沈丘	河南淇县
达标类型	—	—	—	—	—	ZS3	—	—
籽粒								
粒色	白	白	白	白	白	白	白	白
硬度指数	69	69	66	65	65	67	61	63
容重(g/L)	824	808	814	800	819	784	815	800
水分(%)	12.6	12.7	10.4	10.1	10.0	12.6	12.7	13.2
粗蛋白(%,干基)	14.1	13.7	15.0	15.3	14.8	15.8	14.6	13.3
降落数值(s)	355	371	400	412	522	323	294	394
面粉								
出粉率(%)	67.2	66.9	68.0	68.2	68.8	63.1	62.5	63.5
沉淀指数(mL)	56.5	55.0	39.0	28.0	42.0	57.5	69.0	69.0
湿面筋(%,14%湿基)	25.6	24.3	27.7	27.4	26.9	32.3	27.6	27.8
面筋指数			98	95	96			
面团								
吸水量(mL/100 g)	65.4	64.7	62.6	60.4	64.2	65.3	63.1	65.0
形成时间(min)	25.7	22.7	27.5	23.2	2.8	13.5	23.8	23.2
稳定时间(min)	12.7	12.4	31.7	19.9	29.7	18.5	25.6	10.2
拉伸面积135(min)(cm²)	189	160	184	167	168	94	171	157
延伸性(mm)	187	187	160	146	162	154	166	162
最大拉伸阻力(E.U)	786	854	888	916	788	453	811	744
烘焙评价								
面包体积(mL)	860							
面包评分	83.0							
蒸煮评价								
面条评分	84.0	84.0						

样品编号	2019XMZ124	2019XMZ189	190189	190097	190091	190242	190298	190301
品种名称	新麦26	新麦26	新麦28	烟农19	烟农19	烟农19	烟农19	烟农19
样品来源	河南长垣	河南宁陵	河南长葛	安徽怀远	安徽怀远	江苏灌云	江苏东海	江苏宿豫
达标类型	—	ZS3	GB2/ZS2	MG	—	—	—	—
籽粒								
粒色	白	白	白	白	白	白	白	白
硬度指数	61	67	64	62	66	65	61	67
容重(g/L)	826	811	789	811	829	800	771	813
水分(%)	13.0	11.7	13.6	12.1	11.1	10.9	10.1	10.1
粗蛋白(%,干基)	12.1	15.3	17.2	12.9	12.6	13.2	10.0	10.7
降落数值(s)	354	354	478	361	423	340	396	428
面粉								
出粉率(%)	63.7	65.8	72.0	64.7	68.0	68.0	65.0	65.0
沉淀指数(mL)	20.3	61.0	40.5	30.0	28.5	30.0	20.0	22.0
湿面筋(%,14%湿基)	28.4	29.9	32.8	30.0	28.1	27.1	21.8	24.2
面筋指数			97		73	75	88	84
面团								
吸水量(mL/100 g)	59.7	64.3	64.3	60.6	58.1	56.2	55.1	57.9
形成时间(min)	2.7	21.2	8.8	4.0	3.7	4.2	1.7	3.8
稳定时间(min)	1.7	22.5	17.0	5.5	6.1	7.8	5.6	6.2
拉伸面积135(min)(cm²)		179	139			87		
延伸性(mm)		161	196			132		
最大拉伸阻力(E.U)		868	566			503		
烘焙评价								
面包体积(mL)			930					
面包评分			88.0					
蒸煮评价								
面条评分				85.0	82.0	82.0	82.0	82.0

（续表）

样品编号	190330	190331	190354	190449	190094	190101	190106	190417
品种名称	烟农19	烟农19	烟农19	烟农19	烟农19	烟农19	烟农19	烟农19
样品来源	江苏新沂	江苏泗洪	江苏沭阳	安徽凤台	安徽怀远	安徽五河	安徽怀远	安徽凤阳
达标类型	MS	—	—	—	—	—	—	—
籽粒								
粒色	白	白	白	白	白	白	白	白
硬度指数	66	68	67	61	66	65	62	61
容重(g/L)	814	820	821	828	824	838	817	800
水分(%)	10.8	10.4	10.2	13.2	10.0	12.6	13.1	10.0
粗蛋白(%,干基)	13.7	10.7	11.2	12.1	10.9	11.8	9.6	11.6
降落数值(s)	451	438	439	364	410	365	331	395
面粉								
出粉率(%)	69.0	68.0	68.0	69.7	66.0	62.6	67.1	63.7
沉淀指数(mL)	29.0	22.0	24.0	33.0	26.5	28.1	18.9	27.8
湿面筋(%,14%湿基)	30.8	23.7	24.2	24.8	22.8	25.2	16.2	25.4
面筋指数	61	81	74		90			
面团								
吸水量(mL/100 g)	58.1	57.9	60.0	60.4	58.6	62.8	58.6	59.2
形成时间(min)	4.7	3.9	4.5	3.8	1.7	1.8	1.3	2.5
稳定时间(min)	10.3	5.3	6.5	5.6	3.4	2.1	1.3	3.4
拉伸面积135(min)(cm²)	88							
延伸性(mm)	144							
最大拉伸阻力(E.U)	473							
烘焙评价								
面包体积(mL)								
面包评分								
蒸煮评价								
面条评分	82.0	82.0	82.0	82.0				

（续表）

样品编号	190427	190441	190486	191006	190386	190380	190150	190153
品种名称	烟农19	烟农19	阳光10	运旱618	运旱618	运旱805	镇麦10	镇麦10
样品来源	安徽凤台	安徽凤台	山东郯城	山西盐湖	山西芮城	山西芮城	江苏射阳	江苏淮安
达标类型	MG	—	—	ZS3	—	GB1/ZS3	GB2/ZS2	GB2/ZS2
籽粒								
粒色	白	白	白	白	白	白	红	红
硬度指数	60	59	68	64	64	63	63	63
容重(g/L)	824	826	815	831	799	839	820	821
水分(%)	10.8	13.2	10.5	10.1	10.2	10.4	10.7	10.1
粗蛋白(%,干基)	12.1	10.7	13.5	14.0	15.8	16.7	15.1	15.4
降落数值(s)	395	342	459	460	367	342	396	406
面粉								
出粉率(%)	66.6	68.2	67.3	70.1	71.3	70.0	67.0	67.0
沉淀指数(mL)	29.5	25.0	25.0	36.0	38.5	43.5	41.5	44.0
湿面筋(%,14%湿基)	25.8	21.6	25.2	29.1	33.6	35.7	32.0	32.8
面筋指数			91	86	80	82	90	86
面团								
吸水量(mL/100 g)	59.5	60.2	60.5	61.6	62.0	59.0	62.9	65.5
形成时间(min)	2.4	1.4	2.0	7.2	7.0	9.0	3.0	6.9
稳定时间(min)	2.6	3.2	8.5	19.0	15.2	10.9	17.1	19.2
拉伸面积135(min)(cm²)		81	98	118	74	168	137	117
延伸性(mm)		134	124	143	181	215	157	151
最大拉伸阻力(E.U)		440	701	627	282	660	677	616
烘焙评价								
面包体积(mL)				810		920	870	870
面包评分				78.5		92.5	87.5	87.5
蒸煮评价								
面条评分								

（续表）

样品编号	190161	190245	190281	190286	190312	190352	190144	190148
品种名称	镇麦10	镇麦10	镇麦10	镇麦10	镇麦10	镇麦10	镇麦10	镇麦10
样品来源	江苏东台	江苏昆山	江苏东台	江苏海门	江苏淮安	江苏盐都	江苏射阳	江苏阜宁
达标类型	ZS3	—	ZS3	ZS3	GB2/ZS2	ZS3	—	—
籽粒								
粒色	红	红	红	红	红	红	红	红
硬度指数	64	66	64	66	64	63	65	65
容重(g/L)	831	779	807	797	814	805	808	819
水分(%)	10.7	11.2	10.7	10.9	10.6	10.4	11.5	10.0
粗蛋白(%,干基)	14.5	14.5	14.3	13.9	15.5	14.8	12.9	12.5
降落数值(s)	401	384	439	372	482	453	391	371
面粉								
出粉率(%)	68.0	68.1	68.0	67.0	68.0	68.0	69.0	67.0
沉淀指数(mL)	45.5	31.0	35.5	31.0	34.5	37.0	40.5	39.0
湿面筋(%,14%湿基)	30.8	31.0	29.9	30.3	34.0	31.7	27.1	26.6
面筋指数	94	72	89	80	78	84	96	95
面团								
吸水量(mL/100 g)	62.6	65.0	59.6	63.9	64.0	64.2	61.2	62.9
形成时间(min)	3.8	3.7	3.2	2.5	7.7	5.2	2.0	2.0
稳定时间(min)	26.3	10.0	22.1	18.1	14.5	10.6	12.9	11.2
拉伸面积135(min)(cm²)	129	85	136	114	122	113	129	112
延伸性(mm)	144	160	121	126	144	146	123	149
最大拉伸阻力(E.U)	666	426	864	686	645	577	823	690
烘焙评价								
面包体积(mL)	870	870	870	870	870	870		
面包评分	87.5	87.5	87.5	87.5	87.5	87.5		
蒸煮评价								
面条评分								

样品编号	190318	190344	190108	190423	190092	190319	190471	190163
品种名称	镇麦10	镇麦10	镇麦9号	镇麦9号	镇麦9号	镇麦9号	郑麦366	郑麦366
样品来源	江苏如皋	江苏如东	安徽寿县	安徽天长	安徽霍邱	江苏海安	河南祥符	河南汝州
达标类型	—	—	ZS3/MS	MG	—	ZS3	—	—
籽粒								
粒色	红	红	红	红	红	红	白	白
硬度指数	66	63	68	69	68	66	64	65
容重(g/L)	811	768	802	793	788	775	802	824
水分(%)	10.5	10.4	13.0	10.3	10.7	10.4	13.2	10.6
粗蛋白(%,干基)	13.8	12.3	14.5	16.8	12.4	13.3	14.5	13.7
降落数值(s)	433	409	378	354	380	377	340	414
面粉								
出粉率(%)	68.0	64.0	66.4	67.3	65.0	67.0	67.7	66.0
沉淀指数(mL)	32.0	23.0	54.3	41.8	29.0	33.5	41.0	33.0
湿面筋(%,14%湿基)	28.9	24.4	30.7	37.2	27.7	29.4	27.7	30.0
面筋指数	89	99			78	86		89
面团								
吸水量(mL/100 g)	62.8	62.1	62.5	63.7	61.2	62.7	61.7	61.3
形成时间(min)	2.3	2.3	8.5	4.3	5.7	2.2	8.2	7.5
稳定时间(min)	11.7	4.9	18.7	5.6	8.4	8.8	12.1	13.3
拉伸面积135(min)(cm²)	104		160		120	99	191	84
延伸性(mm)	157		139		109	121	173	145
最大拉伸阻力(E.U)	582		951		894	615	857	461
烘焙评价								
面包体积(mL)			870				870	830
面包评分			83.0				85.0	82.2
蒸煮评价								
面条评分			86.0	83.0	78.5	78.5	84.0	

（续表）

样品编号	190547	190194	2019XM0067	190026	190104	190078	190140	190192
品种名称	郑麦366	郑麦366	郑麦366	郑麦7698	郑麦7698	郑麦7698	郑麦7698	郑麦7698
样品来源	河南遂平	河南浚县	河南林州	河南濮阳	安徽灵璧	河南西华	河南滑县	河南浚县
达标类型	GB2/ZS3	—	MG	GB2/ZS2	MS	MG	—	MG
籽粒								
粒色	白	白	白	白	白	白	白	白
硬度指数	63	64	68	61	61	66	65	66
容重(g/L)	818	825	812	818	852	816	801	830
水分(%)	9.8	12.9	12.5	10.1	12.1	10.0	10.2	13.0
粗蛋白(%,干基)	14.8	15.4	15.2	15.8	14.4	16.9	13.7	15.0
降落数值(s)	462	409	330	384	402	469	405	442
面粉								
出粉率(%)	71.5	70.0	68.0	72.8	63.2	66.0	70.0	71.0
沉淀指数(mL)	30.0	34.0	44.3	33.5	44.5	33.5	28.0	33.0
湿面筋(%,14%湿基)	32.4	35.0	34.6	34.9	31.9	38.4	29.6	33.0
面筋指数	84	92		96		59	82	77
面团								
吸水量(mL/100 g)	64.5	67.9	62.5	61.1	62.5	67.9	61.3	67.3
形成时间(min)	6.4	5.5	3.8	8.8	7.5	5.8	9.5	6.0
稳定时间(min)	10.1	7.9	5.0	15.2	7.2	4.1	10.0	5.9
拉伸面积135(min)(cm²)	125	71		110	104		68	
延伸性(mm)	181	176		146	157		137	
最大拉伸阻力(E.U)	526	297		566	510		357	
烘焙评价								
面包体积(mL)	830			870				
面包评分	82.2			87.5				
蒸煮评价								
面条评分					82.0			

样品编号	2019XM0068	2019XMZ096	190268	190292	190304	190340	190358	190311
品种名称	郑麦7698	郑麦7698	郑麦9023	郑麦9023	郑麦9023	郑麦9023	郑麦9023	郑麦9023
样品来源	河南杞县	河南林州	江苏大丰	江苏射阳	江苏阜宁	江苏建湖	江苏盐都	江苏洪泽
达标类型	MG	MG	GB1/ZS2	—	GB2	GB2/ZS2	GB2	MG
籽粒								
粒色	白	白	白	白	白	白	白	白
硬度指数	64	56	64	65	63	64	64	63
容重(g/L)	819	782	789	784	798	802	814	809
水分(%)	13.4	13.1	10.9	10.2	10.3	10.5	10.3	10.7
粗蛋白(%,干基)	14.3	12.2	17.0	13.9	16.0	15.1	15.7	12.8
降落数值(s)	351	361	322	343	407	352	365	351
面粉								
出粉率(%)	68.7	67.5	69.0	61.0	67.0	67.0	69.0	68.0
沉淀指数(mL)	33.0	28.0	48.0	43.0	38.0	36.5	37.0	30.0
湿面筋(%,14%湿基)	35.7	25.9	36.0	28.4	37.9	33.1	36.4	29.9
面筋指数			90	98	61	87	73	83
面团								
吸水量(mL/100 g)	60.0	53.4	62.8	59.5	61.4	63.1	61.6	61.3
形成时间(min)	3.0	2.8	3.2	2.3	5.7	6.7	4.2	2.7
稳定时间(min)	4.2	3.5	14.2	21.1	7.2	13.1	7.0	5.2
拉伸面积135(min)(cm²)			157	158	92	117	110	
延伸性(mm)			202	183	169	150	189	
最大拉伸阻力(E.U)			622	766	410	613	437	
烘焙评价								
面包体积(mL)			860	860	860	860	860	
面包评分			85.7	85.7	85.7	85.7	85.7	
蒸煮评价								
面条评分								

（续表）

样品编号	2019XM0069	2019XMZ064	2019XMZ219	2019XMZ222	190397	190483	190484	190201
品种名称	郑麦9023	郑麦9023	郑麦9023	郑麦9023	中麦255	中麦255	中麦255	中麦255
样品来源	河南固始	河南罗山	河南邓州	河南淅川	河南延津	河南叶县	河南项城	河南民权
达标类型	—	MG	ZS2	MG	ZS3	GB1/ZS1	GB2/ZS1	MG
籽粒								
粒色	白	白	白	白	白	白	白	白
硬度指数	63	56	64	69	63	63	62	61
容重(g/L)	789	796	812	811	810	799	816	809
水分(%)	13.4	14.7	12.8	12.5	10.1	10.4	10.0	10.3
粗蛋白(%,干基)	13.9	12.9	15.0	14.7	15.0	18.1	16.3	14.3
降落数值(s)	398	361	390	305	429	474	426	426
面粉								
出粉率(%)	62.5	69.0	66.0	63.9	71.3	68.8	70.2	70.0
沉淀指数(mL)	40.0	21.0	57.7	37.0	37.0	40.5	43.0	28.5
湿面筋(%,14%湿基)	31.5	27.0	33.4	37.2	30.5	37.1	32.7	32.1
面筋指数					94	79	92	78
面团								
吸水量(mL/100 g)	64.2	55.7	63.9	64.8	58.8	62.0	58.5	61.0
形成时间(min)	4.7	3.5	6.3	4.7	2.8	14.2	14.2	4.2
稳定时间(min)	6.5	3.3	15.9	4.3	21.2	19.7	24.9	6.0
拉伸面积135(min)(cm²)			122		149	210	190	
延伸性(mm)			140		159	216	185	
最大拉伸阻力(E.U)			680		715	900	848	
烘焙评价								
面包体积(mL)					830	830	830	
面包评分					80.7	80.7	80.7	
蒸煮评价								
面条评分								

（续表）

样品编号	190489	190197	191003	191005	191004	190001	190002	190003
品种名称	中麦255	中麦29	中麦5051	中麦5051	中麦5051	中麦578	中麦578	中麦578
样品来源	安徽埇桥	河北高邑	河北高碑店	河南新乡	河北藁城	河南襄城	河南项城	河南平舆
达标类型	ZS1	ZS3	—	—	—	ZS2	ZS2	ZS2
籽粒								
粒色	白	白	白	白	白	白	白	白
硬度指数	61	65	64	63	63	64	63	63
容重(g/L)	803	831	824	815	820	814	828	826
水分(%)	10.7	10.3	10.1	10.7	10.2	10.2	10.2	10.4
粗蛋白(%,干基)	16.1	14.8	13.9	14.6	15.1	14.4	14.3	14.7
降落数值(s)	454	389	448	409	373	405	447	415
面粉								
出粉率(%)	71.6	71.0	62.4	68.0	69.1	72.8	71.5	70.5
沉淀指数(mL)	40.0	42.0	31.0	35.0	33.5	37.0	40.0	38.0
湿面筋(%,14%湿基)	32.0	30.3	29.9	31.2	31.7	31.3	31.5	31.9
面筋指数	93	97	76	74	66	96	98	92
面团								
吸水量(mL/100 g)	58.6	56.4	62.1	61.1	63.0	60.1	61.1	60.7
形成时间(min)	3.0	2.7	3.9	4.2	4.2	12.2	16.2	13.8
稳定时间(min)	29.3	11.1	7.1	13.2	9.7	28.0	36.2	27.9
拉伸面积135(min)(cm²)	200	152	95	88	76	141	148	149
延伸性(mm)	196	195	143	153	154	148	151	135
最大拉伸阻力(E.U)	819	581	494	410	364	745	820	874
烘焙评价								
面包体积(mL)						880	880	880
面包评分						88.3	88.3	88.3
蒸煮评价								
面条评分								

（续表）

样品编号	190004	190005	190008	190009	190010	190011	190014	190021
品种名称	中麦578	中麦578	中麦578	中麦578	中麦578	中麦578	中麦578	中麦578
样品来源	河南舞阳	河南正阳	河南汝州	河南叶县	河南上蔡	河南汝南	安徽太和	河南淇县
达标类型	ZS2	GB1/ZS1	ZS3	GB2/ZS1	GB2/ZS1	GB2/ZS1	ZS3	GB2/ZS2
籽粒								
粒色	白	白	白	白	白	白	白	白
硬度指数	63	62	67	62	64	60	62	62
容重(g/L)	822	782	799	817	816	800	834	824
水分(%)	10.8	9.5	11.8	9.7	10.8	9.7	8.9	10.7
粗蛋白(%,干基)	15.0	16.3	14.6	15.2	14.7	15.1	14.7	16.6
降落数值(s)	421	408	373	342	419	436	462	412
面粉								
出粉率(%)	71.1	71.3	70.5	72.5	69.0	72.0	71.8	72.1
沉淀指数(mL)	42.0	44.5	38.0	34.5	33.0	41.0	44.0	39.0
湿面筋(%,14%湿基)	31.9	35.5	29.8	32.3	33.3	33.1	30.4	34.2
面筋指数	96	95	83	94	91	95	98	97
面团								
吸水量(mL/100 g)	60.5	60.0	59.7	59.1	60.4	59.8	58.3	62.9
形成时间(min)	17.5	21.5	9.5	9.7	11.5	15.0	15.0	9.8
稳定时间(min)	33.4	34.3	22.9	23.9	18.1	25.3	28.3	23.0
拉伸面积135(min)(cm²)	170	176	105	144	140	174	157	132
延伸性(mm)	154	153	134	150	138	155	155	163
最大拉伸阻力(E.U)	919	896	579	761	780	876	827	632
烘焙评价								
面包体积(mL)	880	880	880	880	880	880	880	880
面包评分	88.3	88.3	88.3	88.3	88.3	88.3	88.3	88.3
蒸煮评价								
面条评分								

（续表）

样品编号	190029	190030	190034	190038	190043	190044	190056	190057
品种名称	中麦578	中麦578	中麦578	中麦578	中麦578	中麦578	中麦578	中麦578
样品来源	河南南乐	河南清丰	河南沈丘	江苏泗洪	江苏淮阴	江苏淮阴	河南内黄	河南内黄
达标类型	ZS3	GB2/ZS1	ZS2	ZS3	ZS2	GB2/ZS1	GB1/ZS2	GB2/ZS3
籽粒								
粒色	白	白	白	白	白	白	白	白
硬度指数	63	62	61	61	61	60	58	61
容重(g/L)	803	822	811	791	828	822	807	825
水分(%)	10.6	9.0	8.7	9.5	9.5	9.2	9.6	10.0
粗蛋白(%,干基)	14.1	15.0	14.4	13.8	14.5	15.3	15.6	15.8
降落数值(s)	393	362	438	435	423	493	427	414
面粉								
出粉率(%)	70.0	72.4	72.1	70.7	72.0	72.0	73.0	72.0
沉淀指数(mL)	36.0	39.0	37.0	36.0	44.0	57.0	49.0	48.0
湿面筋(%,14%湿基)	31.3	32.3	31.4	30.2	31.3	33.8	35.0	33.8
面筋指数	99	100	96	96	97	95	94	95
面团								
吸水量(mL/100 g)	60.0	60.2	60.7	58.6	60.1	60.3	62.0	62.9
形成时间(min)	13.2	14.2	17.0	14.0	11.2	17.7	8.2	8.7
稳定时间(min)	24.6	20.0	21.9	19.5	19.9	29.5	14.1	14.9
拉伸面积135(min)(cm²)	99	140	126	151	167	157	154	92
延伸性(mm)	121	144	146	136	170	148	203	153
最大拉伸阻力(E.U)	623	768	679	864	804	835	598	448
烘焙评价								
面包体积(mL)	880	880	880	880	880	880	880	880
面包评分	88.3	88.3	88.3	88.3	88.3	88.3	88.3	88.3
蒸煮评价								
面条评分								

（续表）

样品编号	190061	190064	190212	190109	190475	190202	190013	190015
品种名称	中麦578	中麦578	中麦578	中麦578	中麦578	中麦578	中麦578	中麦578
样品来源	河南确山	安徽颍上	河南新蔡	安徽霍邱	河南辉县	安徽宿州	安徽阜南	安徽定远
达标类型	GB2/ZS2	GB2/ZS3	ZS3	ZS3/MS	ZS2/MS	ZS3/MS	MG	—
籽粒								
粒色	白	白	白	白	白	白	白	白
硬度指数	62	59	63	64	64	59	65	65
容重(g/L)	801	812	813	816	817	827	800	813
水分(%)	9.9	10.0	10.6	13.4	12.9	11.0	11.8	11.1
粗蛋白(%,干基)	14.2	14.5	14.4	13.8	14.9	14.6	12.8	12.8
降落数值(s)	385	393	422	398	309	346	398	408
面粉								
出粉率(%)	68.0	70.0	71.0	66.8	67.5	66.9	68.3	70.2
沉淀指数(mL)	44.5	27.5	43.0	54.5	53.5	54.5	42.0	34.5
湿面筋(%,14%湿基)	32.6	33.2	30.4	29.7	31.1	30.4	27.0	27.4
面筋指数	95	89	99				95	96
面团								
吸水量(mL/100 g)	60.2	61.7	59.0	60.9	64.1	59.4	57.2	58.0
形成时间(min)	13.2	8.3	2.2	10.7	9.9	5.2	1.8	13.2
稳定时间(min)	18.8	13.9	28.2	18.8	16.4	10.6	4.5	22.7
拉伸面积135(min)(cm²)	123	98	149	151	136	90		135
延伸性(mm)	160	150	153	177	147	157		121
最大拉伸阻力(E.U)	640	496	744	670	748	428		886
烘焙评价								
面包体积(mL)	880	880	880	800				
面包评分	88.3	88.3	88.3	80.0				
蒸煮评价								
面条评分				86.0	84.0	83.0		

（续表）

样品编号	190017	190037	190188	190191	190039	190459
品种名称	中麦578	中麦578	中麦578	中麦578	洲元9369	驻麦1024
样品来源	安徽涡阳	江苏泗洪	安徽	河南浚县	山东高唐	河南驿城
达标类型	—	—	MG	—	—	ZS2/MS
籽粒						
粒色	白	白	白	白	白	白
硬度指数	63	63	62	62	64	68
容重(g/L)	830	806	816	815	829	825
水分(%)	8.7	9.6	10.5	13.3	9.2	13.5
粗蛋白(%,干基)	11.7	12.6	13.7	15.7	14.0	15.1
降落数值(s)	405	376	389	447	388	426
面粉						
出粉率(%)	71.0	71.0	65.0	74.0	68.4	66.7
沉淀指数(mL)	31.0	35.5	34.3	37.0	29.0	49.5
湿面筋(%,14%湿基)	23.2	27.3	31.9	34.5	31.3	32.7
面筋指数	99	96		93	78	
面团						
吸水量(mL/100 g)	57.5	57.7	58.5	66.7	61.7	64.4
形成时间(min)	1.7	13.8	4.0	6.2	6.0	6.7
稳定时间(min)	2.2	19.5	4.0	8.2	14.0	13.1
拉伸面积135(min)(cm²)		148		74	81	146
延伸性(mm)		128		176	140	185
最大拉伸阻力(E.U)		899		318	438	615
烘焙评价						
面包体积(mL)						
面包评分						
蒸煮评价						
面条评分						83.0

3 中强筋小麦

3.1 品质综合指标

中国中强筋小麦中，达到郑州商品交易所强筋小麦交割标准（Z）的样品9份；达到中强筋小麦标准（MS）的样品21份；达到中筋小麦标准（MG）的样品33份；未达标（—）的样品64份。中强筋小麦主要品质指标特性如图3-1所示，达标小麦样品比例如图3-2所示。

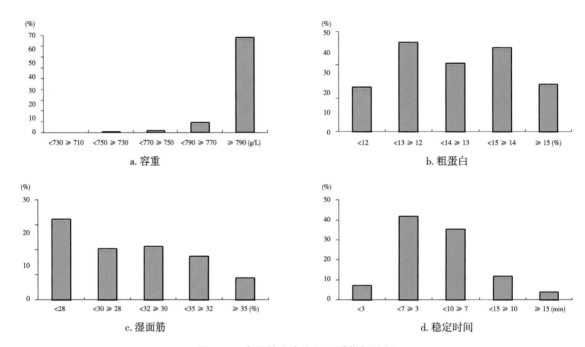

图 3-1 中强筋小麦主要品质指标特征

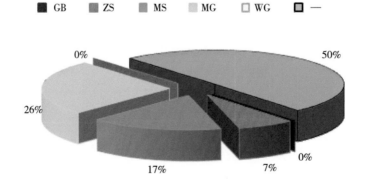

图 3-2 达标小麦样品比例

3.2 样本质量

2019 年中强筋小麦样品品质分析统计，如下表所示。

表 样品品质分析统计

样品编号	190066	190051	2019XM0045	2019XM0047	2019XMZ024	2019XMZ144	2019XMZ239	190316
品种名称	百农4199	百农AK58	百农AK58	百农AK58	百农AK58	百农AK58	百农AK58	保麦6号
样品来源	河南长垣	河南滑县	河南南乐	河南杞县	河南延津	河南淮阳	河南灵宝	江苏铜山
达标类型	MS	MS	MG	MG	MG	MG	MG	—
籽粒								
粒色	白	白	白	白	白	白	白	白
硬度指数	62	62	58	57	56	61	62	66
容重(g/L)	825	814	822	786	816	820	793	816
水分(%)	10.0	9.3	13.5	12.6	13.7	12.0	11.4	10.1
粗蛋白(%,干基)	13.5	13.4	13.8	14.7	12.4	13.0	12.7	12.5
降落数值(s)	416	394	371	379	381	355	364	462
面粉								
出粉率(%)	68.0	68.0	67.1	67.4	64.8	64.2	68.3	69.0
沉淀指数(mL)	30.0	26.5	30.8	33.7	28.0	32.6	28.0	30.5
湿面筋(%,14%湿基)	30.0	30.1	33.1	34.6	28.6	30.7	29.4	28.4
面筋指数	86	79						74
面团								
吸水量(mL/100 g)	59.1	59.4	60.1	58.2	57.2	60.4	58.4	56.7
形成时间(min)	4.0	3.3	5.0	3.5	3.5	3.3	2.8	4.3
稳定时间(min)	7.6	7.6	4.4	3.5	4.5	3.6	2.6	7.1
拉伸面积135(min)(cm²)	82	48						92
延伸性(mm)	139	124						130
最大拉伸阻力(E.U)	451	272						534
烘焙评价								
面包体积(mL)								
面包评分								
蒸煮评价								
面条评分	80.3	82.7						82.5

（续表）

样品编号	190084	190076	2019XM0049	190450	190121	190415	190413	190032
品种名称	大地2018	泛麦5号	丰德存麦1号	阜麦9号	恒进麦8号	恒进麦8号	华成3366	华伟306
样品来源	安徽濉溪	河南西华	河南南乐	安徽濉溪	安徽太和	安徽颍东	安徽确山	河南夏邑
达标类型	MS	MG	MG	—	MG	—	MG	—
籽粒								
粒色	白	白	白	白	白	白	白	白
硬度指数	61	51	65	63	58	58	58	68
容重(g/L)	814	847	824	833	853	843	819	828
水分(%)	10.5	10.3	12.7	12.9	11.3	10.3	10.9	9.9
粗蛋白(%,干基)	13.1	13.6	14.2	12.5	12.8	12.5	13.2	12.7
降落数值(s)	418	411	417	383	371	339	380	332
面粉								
出粉率(%)	71.0	66.0	65.9	63.3	63.5	67.0	68.6	70.7
沉淀指数(mL)	30.5	25.5	38.0	39.5	28.0	36.0	24.3	33.0
湿面筋(%,14%湿基)	29.4	28.0	32.5	26.2	28.0	28.0	30.3	27.0
面筋指数	85	57						96
面团								
吸水量(mL/100 g)	55.2	57.0	61.1	60.7	57.8	58.0	57.8	60.0
形成时间(min)	4.9	3.0	3.7	7.7	1.7	4.5	3.5	1.8
稳定时间(min)	8.3	3.6	5.1	9.3	5.6	7.7	3.9	9.2
拉伸面积135(min)(cm²)	74			80		88		108
延伸性(mm)	119			124		113		139
最大拉伸阻力(E.U)	459			485		571		588
烘焙评价								
面包体积(mL)								
面包评分								
蒸煮评价								
面条评分	80.0			83.0	86.0	84.0		

样品编号	190033	190294	190310	190335	190425	190418	190147	190149
品种名称	华伟307	淮麦20	淮麦20	淮麦20	淮麦22	淮麦35	淮麦35	淮麦35
样品来源	河南夏邑	江苏阜宁	江苏宿城	江苏建湖	安徽阜南	安徽颍州	江苏泉阳	江苏连云港
达标类型	—	MG	MG	MS	MG	MG	MS	MS
籽粒								
粒色	白	白	白	白	白	白	白	白
硬度指数	65	63	65	64	57	58	52	51
容重(g/L)	848	806	807	800	823	832	811	789
水分(%)	10.1	10.4	10.4	10.2	10.2	10.9	10.4	10.1
粗蛋白(%,干基)	12.7	14.1	13.4	14.0	13.1	14.5	13.8	13.9
降落数值(s)	381	362	440	446	379	359	370	357
面粉								
出粉率(%)	73.4	67.0	69.0	65.0	67.3	67.7	61.0	62.0
沉淀指数(mL)	31.5	30.0	22.0	32.0	23.5	29.5	33.0	29.5
湿面筋(%,14%湿基)	29.3	33.3	31.2	32.8	27.5	30.2	30.8	28.8
面筋指数	65	68	77	70			86	67
面团								
吸水量(mL/100 g)	61.8	57.8	59.0	58.7	54.4	55.8	56.2	55.7
形成时间(min)	4.8	4.0	3.7	5.2	3.3	3.2	4.9	4.7
稳定时间(min)	7.0	5.5	5.4	7.7	4.1	5.4	7.9	9.1
拉伸面积135(min)(cm²)	76			74			66	63
延伸性(mm)	144			130			120	120
最大拉伸阻力(E.U)	385			427			386	372
烘焙评价								
面包体积(mL)								
面包评分								
蒸煮评价								
面条评分		81.8	81.8	81.8		83.0	82.3	82.3

（续表）

样品编号	190152	190155	190184	190291	190327	190385	190247	190306
品种名称	淮麦35	淮麦35	淮麦35	淮麦35	淮麦35	淮麦35	淮麦40	淮麦40
样品来源	江苏射阳	江苏淮安	安徽	江苏涟水	江苏泗阳	江苏响水	江苏淮阴	江苏赣榆
达标类型	MS	MS	MG	—	—	MS	—	ZS2
籽粒								
粒色	白	白	白	白	白	白	白	白
硬度指数	52	48	49	53	55	51	64	66
容重(g/L)	831	815	815	804	813	816	817	807
水分(%)	10.6	10.2	10.2	10.8	10.4	10.5	10.3	10.4
粗蛋白(%,干基)	13.0	14.3	13.0	11.7	11.6	15.7	13.6	15.0
降落数值(s)	379	376	385	390	405	376	426	436
面粉								
出粉率(%)	64.0	67.0	66.0	66.0	67.0	64.7	69.6	66.0
沉淀指数(mL)	29.0	31.0	27.5	24.0	22.5	30.5	26.0	29.0
湿面筋(%,14%湿基)	28.9	30.2	27.8	24.6	25.5	30.3	29.7	31.4
面筋指数	89	76	80	81	73	71	71	88
面团								
吸水量(mL/100 g)	55.4	56.4	58.2	53.8	54.1	56.3	57.5	58.1
形成时间(min)	4.5	4.2	3.9	1.7	3.8	6.0	7.5	18.5
稳定时间(min)	6.5	7.7	5.1	5.7	5.3	14.4	12.7	21.5
拉伸面积135(min)(cm²)		66				80	78	114
延伸性(mm)		125				126	102	103
最大拉伸阻力(E.U)		368				455	584	860
烘焙评价								
面包体积(mL)							770	770
面包评分							73.2	73.2
蒸煮评价								
面条评分	82.3	82.3	82.3	82.3	82.3	82.3		

（续表）

样品编号	190114	190098	190099	190116	190052	190287	190288	190321
品种名称	淮麦40	淮麦40	淮麦40	淮麦44	淮麦44	江麦816	江麦816	江麦816
样品来源	安徽定远	安徽五河	安徽界首	安徽灵璧	河南滑县	江苏沭阳	江苏东海	江苏泗洪
达标类型	—	MG	MS	—	MG	—	—	—
籽粒								
粒色	白	白	白	白	白	白	白	白
硬度指数	64	60	62	62	61	64	61	64
容重(g/L)	827	856	850	843	790	845	807	829
水分(%)	11.6	12.0	12.1	11.4	9.3	10.6	10.1	10.2
粗蛋白(%,干基)	12.8	12.5	13.4	12.5	12.7	15.1	16.8	13.0
降落数值(s)	341	346	370	330	371	382	357	407
面粉								
出粉率(%)	62.6	67.1	66.6	65.7	70.0	67.0	67.0	65.0
沉淀指数(mL)	39.3	28.0	27.0	38.5	22.5	30.0	40.5	27.0
湿面筋(%,14%湿基)	30.5	26.1	28.7	27.3	25.8	33.7	39.5	28.8
面筋指数					76	59	59	70
面团								
吸水量(mL/100 g)	62.2	59.5	60.7	61.3	55.1	58.3	59.5	57.7
形成时间(min)	6.5	2.2	3.7	3.3	4.4	4.3	7.2	6.5
稳定时间(min)	7.3	5.3	6.1	7.2	5.6	9.4	8.1	10.7
拉伸面积135(min)(cm²)	102			69		65	82	70
延伸性(mm)	120			132		102	148	112
最大拉伸阻力(E.U)	661			386		489	431	492
烘焙评价								
面包体积(mL)								
面包评分								
蒸煮评价								
面条评分	85.0	84.0	84.0	85.0	80.0	77.5	77.5	77.5

（续表）

样品编号	190324	190193	190428	190272	190307	190488	190181	190019
品种名称	江麦816	锦绣21	连麦2号	连麦7号	连麦7号	隆平麦618	隆平麦6号	隆平麦6号
样品来源	江苏宿城	河南浚县	安徽阜南	江苏赣榆	江苏灌南	安徽埇桥	安徽寿县	安徽涡阳
达标类型	—	MS	—	—	—	—	ZS3	MS
籽粒								
粒色	白	白	白	白	白	白	白	白
硬度指数	62	65	67	60	64	67	60	63
容重(g/L)	834	826	832	799	815	828	837	817
水分(%)	10.4	13.4	11.0	10.9	10.1	10.6	10.8	9.2
粗蛋白(%,干基)	15.1	14.7	13.1	12.6	12.1	12.9	12.6	14.9
降落数值(s)	401	425	403	413	432	392	332	383
面粉								
出粉率(%)	66.0	72.0	65.6	64.0	65.0	70.1	65.2	68.7
沉淀指数(mL)	32.0	29.0	40.0	31.0	21.0	34.5	56.0	34.0
湿面筋(%,14%湿基)	34.3	30.0	27.3	25.7	23.9	28.3	30.2	33.0
面筋指数	63	75		84	95	89		83
面团								
吸水量(mL/100 g)	58.1	62.8	61.6	57.0	56.3	60.0	59.0	56.9
形成时间(min)	6.3	9.2	4.2	17.2	1.7	2.2	4.7	5.0
稳定时间(min)	8.8	10.5	7.8	18.4	11.0	9.6	8.7	8.0
拉伸面积135(min)(cm²)	77	55	79	91	62	133	110	84
延伸性(mm)	112	118	131	105	87	161	167	132
最大拉伸阻力(E.U)	506	333	448	680	534	707	507	476
烘焙评价								
面包体积(mL)								
面包评分								
蒸煮评价								
面条评分	77.5	80.0	82.0	83.0	83.0		85.0	84.0

（续表）

样品编号	190024	190041	190170	190063	190445	190337	190420	190438
品种名称	隆平麦6号	隆平麦6号	隆平麦6号	隆平麦6号	明麦1号	农麦158	瑞华麦518	瑞华麦518
样品来源	江苏宿城	江苏淮阴	河南濮阳	江苏泗阳	安徽临泉	江苏盐城	安徽泗县	安徽濉溪
达标类型	—	—	—	MG	—	—	MG	MS
籽粒								
粒色	白	白	白	白	白	白	白	白
硬度指数	68	64	62	62	55	61	51	57
容重(g/L)	794	812	805	805	787	814	776	822
水分(%)	11.7	8.9	9.5	10.1	12.4	10.2	10.4	10.8
粗蛋白(%,干基)	12.7	12.7	11.9	14.4	12.5	16.2	13.0	14.2
降落数值(s)	468	395	404	374	350	463	416	289
面粉								
出粉率(%)	67.5	71.0	71.0	68.0	69.8	67.0	69.0	69.7
沉淀指数(mL)	26.5	34.0	31.0	42.0	35.0	32.0	22.3	37.8
湿面筋(%,14%湿基)	27.8	27.6	25.8	33.5	26.5	38.4	27.9	30.6
面筋指数	94	94	95	50		55		
面团								
吸水量(mL/100 g)	56.9	56.9	56.6	60.6	54.6	60.9	53.0	55.7
形成时间(min)	2.0	4.0	2.7	3.4	5.2	7.2	3.2	5.0
稳定时间(min)	10.8	9.4	5.6	3.2	11.4	9.9	5.7	8.3
拉伸面积135(min)(cm²)	74	89			68	58		94
延伸性(mm)	108	126			116	142		133
最大拉伸阻力(E.U)	511	539			426	299		512
烘焙评价								
面包体积(mL)								
面包评分								
蒸煮评价								
面条评分	84.0	84.0	84.0		82.0		85.0	85.0

（续表）

样品编号	190086	190117	190102	190378	190490	190174	190443	190434
品种名称	瑞华麦518	山农17	山农17	山农27	山农27	陕垦10	濉1309	皖麦203
样品来源	安徽太和	安徽埇桥	安徽五河	山东临淄	山东沂南	陕西临渭	安徽濉溪	安徽泗县
达标类型	—	MG	—	MS/MG	MG	—	—	—
籽粒								
粒色	白	白	白	白	白	白	白	白
硬度指数	63	64	61	66	65	63	56	55
容重(g/L)	823	812	835	812	794	826	821	796
水分(%)	10.4	11.2	12.4	10.0	10.2	10.0	13.0	10.0
粗蛋白(%,干基)	10.5	12.4	10.7	14.1	15.9	14.0	12.6	11.8
降落数值(s)	440	480	422	470	487	369	407	419
面粉								
出粉率(%)	71.0	67.1	62.5	64.0	69.4	69.0	66.4	65.1
沉淀指数(mL)	28.0	31.5	26.0	28.0	21.0	31.0	36.5	38.8
湿面筋(%,14%湿基)	31.1	27.3	22.1	31.8	36.6	30.8	28.7	22.5
面筋指数	65			59	48	74		
面团								
吸水量(mL/100 g)	58.1	60.0	61.4	59.2	63.8	58.4	58.0	56.7
形成时间(min)	4.5	2.7	1.9	3.4	4.0	5.2	5.0	5.0
稳定时间(min)	5.3	5.4	2.7	6.0	5.3	7.7	7.7	8.1
拉伸面积135(min)(cm²)						66	60	78
延伸性(mm)						146	127	120
最大拉伸阻力(E.U)						345	335	476
烘焙评价								
面包体积(mL)								
面包评分								
蒸煮评价								
面条评分	84.0	81.0		81.0		79.5	84.0	84.0

样品编号	190065	190190	190166	190308	190482	190296	190338	190277
品种名称	涡麦9号	西农585	项麦979	徐麦30	徐麦32	徐麦33	徐麦33	徐麦33
样品来源	安徽颍上	河南长葛	河南项城	江苏铜山	河南建安	江苏睢宁	江苏邳州	江苏丰县
达标类型	—	—	—	MS	MS	MG	—	MG
籽粒								
粒色	白	白	白	白	白	白	白	白
硬度指数	62	66	62	65	64	64	63	63
容重(g/L)	815	788	826	825	833	799	816	821
水分(%)	10.0	13.2	9.8	10.2	10.3	10.5	10.3	10.5
粗蛋白(%,干基)	15.1	15.8	13.9	13.9	14.8	13.2	11.8	12.9
降落数值(s)	368	472	418	406	551	380	394	420
面粉								
出粉率(%)	64.0	72.0	69.0	71.0	67.7	70.0	66.0	72.0
沉淀指数(mL)	28.0	33.5	32.5	26.0	38.5	22.0	24.0	27.0
湿面筋(%,14%湿基)	32.5	35.0	30.6	31.4	28.8	29.5	26.0	31.2
面筋指数	53	90	86	68	83	58	67	74
面团								
吸水量(mL/100 g)	61.0	67.9	60.0	59.3	60.8	56.5	55.1	57.6
形成时间(min)	4.0	5.4	3.4	4.7	24.5	4.2	4.8	3.5
稳定时间(min)	8.3	7.3	7.2	7.5	31.8	5.7	11.2	4.5
拉伸面积135(min)(cm²)	61	106	86	65	134		59	
延伸性(mm)	131	187	148	106	128		120	
最大拉伸阻力(E.U)	346	465	440	457	828		351	
烘焙评价								
面包体积(mL)								
面包评分								
蒸煮评价								
面条评分	76.5	75.5		80.0	85.5	87.5	87.5	

（续表）

样品编号	190439	190426	190453	190446	190087	190210	190387	190006
品种名称	烟宏2000	烟农29	烟农5286	烟农999	烟农999	烟农999	烟农999	扬麦15
样品来源	安徽濉溪	安徽泗县	安徽烈山	安徽颍州	安徽五河	安徽颍泉	山西芮城	河南平桥
达标类型	—	—	MS	—	—	MG	MG	—
籽粒								
粒色	白	白	白	白	白	白	白	红
硬度指数	63	54	65	55	54	59	54	53
容重(g/L)	801	796	841	838	839	847	828	806
水分(%)	13.2	11.0	13.5	13.0	10.5	11.0	10.4	10.4
粗蛋白(%,干基)	12.4	11.4	14.5	11.9	11.9	14.4	14.0	12.6
降落数值(s)	336	423	342	398	388	358	381	434
面粉								
出粉率(%)	65.4	65.2	65.2	65.4	66.0	64.7	67.7	66.6
沉淀指数(mL)	39.5	23.3	40.5	40.0	28.0	36.5	23.0	28.0
湿面筋(%,14%湿基)	28.7	22.3	30.8	21.7	24.1	33.0	30.0	27.7
面筋指数					95		56	62
面团								
吸水量(mL/100 g)	61.3	52.3	60.1	55.9	56.5	60.2	60.5	53.9
形成时间(min)	4.4	2.0	4.3	1.9	1.7	3.7	3.2	4.5
稳定时间(min)	11.1	6.2	7.0	12.4	7.5	4.6	4.1	6.6
拉伸面积135(min)(cm²)	81		62	117	97			
延伸性(mm)	134		124	119	104			
最大拉伸阻力(E.U)	440		367	774	704			
烘焙评价								
面包体积(mL)	800			820				
面包评分	80.0			81.0				
蒸煮评价								
面条评分	88.0	87.0	81.0	88.0	81.0			84.0

（续表）

样品编号	190028	190089	190225	190238	190341	190269	190276	190289
品种名称	扬麦15	扬麦15	扬麦15	扬麦15	扬麦15	扬麦23	扬麦23	扬麦23
样品来源	河南平桥	安徽寿县	河南平桥	江苏昆山	江苏仪征	江苏宝应	江苏兴化	江苏丹阳
达标类型	—	—	MG	—	MG	ZS3/MS	MS	MG
籽粒								
粒色	红	红	红	红	红	红	红	红
硬度指数	51	50	52	46	49	64	62	54
容重(g/L)	795	818	806	787	802	809	801	817
水分(%)	10.2	11.5	10.1	11.7	10.3	10.9	11.3	10.8
粗蛋白(%,干基)	11.0	9.9	12.2	9.3	13.5	14.0	13.0	12.2
降落数值(s)	456	345	354	375	355	469	371	365
面粉								
出粉率(%)	66.8	66.0	66.0	67.0	71.0	68.0	70.0	66.0
沉淀指数(mL)	23.0	19.0	24.0	19.5	27.5	38.0	36.0	28.0
湿面筋(%,14%湿基)	24.2	21.2	27.5	18.7	31.9	30.9	29.8	25.8
面筋指数	78	88	83	97	57	72	85	90
面团								
吸水量(mL/100 g)	52.9	51.1	54.7	53.9	56.8	57.6	58.1	53.8
形成时间(min)	1.5	1.5	2.0	1.5	3.0	3.0	2.3	2.2
稳定时间(min)	8.2	6.1	5.0	3.1	4.0	8.2	6.2	6.0
拉伸面积135(min)(cm²)	72					108		
延伸性(mm)	105					141		
最大拉伸阻力(E.U)	482					575		
烘焙评价								
面包体积(mL)								
面包评分								
蒸煮评价								
面条评分	84.0	84.0	84.0			82.5	82.5	82.5

样品编号	190299	190309	190240	190248	190249	190254	190315	190328
品种名称	扬麦23	扬麦23	扬麦23	扬麦23	扬麦23	扬麦23	扬麦23	扬麦23
样品来源	江苏广陵	江苏姜堰	江苏江都	江苏兴化	江苏兴化	江苏通州	江苏射阳	江苏武进
达标类型	MS	MG	—	MG	WG	—	—	MG
籽粒								
粒色	红	红	红	红	红	红	红	红
硬度指数	62	62	61	62	59	64	59	62
容重(g/L)	776	822	798	797	771	793	747	827
水分(%)	10.4	10.6	10.7	11.7	10.9	11.1	10.5	10.5
粗蛋白(%,干基)	13.3	14.2	10.9	16.6	10.2	11.1	12.1	12.5
降落数值(s)		397	403	424	362	369	411	413
面粉								
出粉率(%)	66.0	69.0	68.0	70.6	68.0	65.7	66.0	68.0
沉淀指数(mL)	32.0	36.0	29.0	38.0	22.0	21.0	32.0	31.5
湿面筋(%,14%湿基)	28.9	32.4	24.3	38.6	21.5	23.3	25.9	27.5
面筋指数	85	69	90	51	82	73	70	72
面团								
吸水量(mL/100 g)	53.9	58.9	55.2	60.4	53.9	54.7	54.3	57.5
形成时间(min)	2.2	2.9	1.7	3.8	1.5	1.7	2.5	2.7
稳定时间(min)	6.3	5.6	3.1	4.9	2.3	2.8	4.9	4.7
拉伸面积135(min)(cm²)								
延伸性(mm)								
最大拉伸阻力(E.U)								
烘焙评价								
面包体积(mL)								
面包评分								
蒸煮评价								
面条评分	82.5	82.5						

（续表）

样品编号	190343	190404	190451	190414	190266	190314	190145	190151
品种名称	扬麦23	兆丰5号	镇麦12	镇麦12	镇麦12	镇麦12	镇麦168	镇麦168
样品来源	江苏泰兴	内蒙古临河	安徽临泉	安徽天长	江苏泰兴	江苏句容	江苏射阳	江苏射阳
达标类型	—	—	—	—	—	—	—	—
籽粒								
粒色	红	白	红	红	红	红	红	红
硬度指数	61	68	66	64	68	66	61	62
容重(g/L)	780	825	784	798	768	792	792	818
水分(%)	10.2	9.9	12.9	10.0	11.8	10.2	10.3	10.1
粗蛋白(%,干基)	10.7	16.9	13.4	12.4	14.2	12.5	17.1	15.0
降落数值(s)	392	339	370	307	292	296	424	425
面粉								
出粉率(%)	67.0	69.1	65.4	69.7	68.0	66.0	66.0	68.0
沉淀指数(mL)	22.0	33.5	41.0	44.5	39.0	28.0	46.0	42.0
湿面筋(%,14%湿基)	23.3	27.4	26.6	28.4	29.9	25.5	40.8	33.2
面筋指数	82	94			90	89	63	80
面团								
吸水量(mL/100 g)	55.9	61.5	63.5	62.7	67.8	62.5	67.7	63.7
形成时间(min)	1.5	2.5	17.0	2.0	8.5	2.0	5.3	3.8
稳定时间(min)	4.6	9.0	17.2	6.9	10.0	7.7	7.3	6.6
拉伸面积135(min)(cm²)		94	151		102	96	80	
延伸性(mm)		160	134		145	147	198	
最大拉伸阻力(E.U)		445	897		582	662	189	
烘焙评价								
面包体积(mL)			840					
面包评分			83.0					
蒸煮评价								
面条评分			86.0	87.0	73.5	73.5	76.0	76.0

（续表）

样品编号	190154	190160	190275	190295	190118	190548	190129	190130
品种名称	镇麦168	镇麦168	镇麦168	镇麦168	郑麦005	郑麦119	郑麦1860	郑麦1860
样品来源	江苏淮安	江苏东台	江苏六合	江苏大丰	安徽埇桥	河南遂平	河南浚县	河南民权
达标类型	ZS3	ZS2	ZS3	—	MG	ZS2	—	—
籽粒								
粒色	红	红	红	红	白	白	白	白
硬度指数	60	62	65	64	57	61	65	66
容重(g/L)	813	825	792	768	850	813	818	834
水分(%)	10.2	10.2	10.7	10.2	11.2	10.0	10.3	10.4
粗蛋白(%,干基)	15.5	15.8	14.0	16.9	12.8	14.7	12.9	12.7
降落数值(s)	429	365	301	241	393	479	398	381
面粉								
出粉率(%)	70.0	68.0	66.0	66.0	66.6	69.6	71.0	70.0
沉淀指数(mL)	45.0	45.0	35.0	35.5	35.0	35.0	24.5	23.0
湿面筋(%,14%湿基)	34.6	33.3	30.5	38.4	30.1	32.6	28.2	26.8
面筋指数	78	88	77	59		82	75	77
面团								
吸水量(mL/100 g)	64.4	64.4	62.7	65.5	58.7	64.0	60.2	60.0
形成时间(min)	4.5	3.5	2.5	4.2	3.2	6.3	3.8	4.8
稳定时间(min)	8.9	12.0	8.4	5.0	4.2	12.1	6.1	10.9
拉伸面积135(min)(cm²)	128	125	99			112		56
延伸性(mm)	169	175	133			157		117
最大拉伸阻力(E.U)	560	521	567			528		365
烘焙评价								
面包体积(mL)								
面包评分								
蒸煮评价								
面条评分	76.0	76.0	76.0	76.0			85.5	85.5

（续表）

样品编号	190131	190141	190469	190472	190068	190072	190402	190403
品种名称	郑麦1860	郑麦1860	郑麦369	郑麦369	郑麦369	郑麦369	郑麦369	郑麦379
样品来源	河南民权	河南滑县	河南郸城	河南祥符	河南长垣	河南长垣	河南安阳	河南安阳
达标类型	—	MS	MS	ZS3/MS	MG	—	—	ZS3/MS
籽粒								
粒色	白	白	白	白	白	白	白	白
硬度指数	65	63	64	69	62	64	65	65
容重(g/L)	809	820	827	820	823	813	825	819
水分(%)	10.1	10.4	12.6	12.3	10.1	10.2	10.2	10.3
粗蛋白(%,干基)	12.7	13.2	14.2	14.1	16.1	14.2	14.4	15.5
降落数值(s)	393	394	366	341	459	447	425	420
面粉								
出粉率(%)	69.0	72.0	64.5	66.8	67.0	66.0	67.9	69.7
沉淀指数(mL)	24.0	26.0	46.0	47.0	33.0	32.0	34.0	34.5
湿面筋(%,14%湿基)	27.6	29.0	28.7	31.2	35.5	33.0	29.8	32.8
面筋指数	73	74			58	76	70	84
面团								
吸水量(mL/100 g)	59.1	59.9	60.9	68.7	60.9	72.3	67.5	63.4
形成时间(min)	4.2	3.7	10.3	6.0	3.5	5.8	5.7	8.2
稳定时间(min)	9.2	6.1	23.3	8.0	5.5	7.2	8.7	10.4
拉伸面积135(min)(cm²)	46		203	118		69	77	130
延伸性(mm)	103		152	168		155	159	190
最大拉伸阻力(E.U)	343		1076	543		325	363	548
烘焙评价								
面包体积(mL)			850					
面包评分			84.0					
蒸煮评价								
面条评分	85.5	85.5	85.0	85.0	79.8	79.8	79.8	83.0

（续表）

样品编号	2019XM0071	2019XMZ032	2019XMZ141	2019XMZ177	2019XM0073	2019XMZ035	2019XMZ254
品种名称	众麦1号	众麦1号	众麦1号	众麦1号	周麦27	周麦27	周麦27
样品来源	河南林州	河南渑池	河南淮阳	河南洛宁	河南沁阳	河南渑池	河南嵩县
达标类型	—	—	MG	—	—	—	—
籽粒							
粒色	白	白	白	白	白	白	白
硬度指数	61	57	58	64	63	58	57
容重(g/L)	798	773	820	805	811	793	786
水分(%)	12.9	13.3	12.4	11.6	12.9	13.8	11.1
粗蛋白(%,干基)	14.4	14.7	14.3	14.9	14.6	14.6	14.4
降落数值(s)	357	317	356	361	341	362	383
面粉							
出粉率(%)	64.0	65.2	68.6	66.3	67.5	66.5	68.8
沉淀指数(mL)	30.0	23.0	35.0	34.0	49.8	27.0	22.2
湿面筋(%,14%湿基)	35.2	34.9	33.7	36.2	32.5	34.1	35.1
面筋指数							
面团							
吸水量(mL/100 g)	59.7	57.4	60.2	61.3	59.8	57.6	55.5
形成时间(min)	3.2	2.2	3.4	2.5	5.3	2.8	3.0
稳定时间(min)	2.2	1.2	4.7	1.7	7.2	1.9	1.5
拉伸面积135(min)(cm²)					128		
延伸性(mm)					142		
最大拉伸阻力(E.U)					683		
烘焙评价							
面包体积(mL)							
面包评分							
蒸煮评价							
面条评分							

4 中筋小麦

4.1 品质综合指标

中国中筋小麦中，达到 GB/T 17982 优质强筋小麦标准（GB）的样品 1 份，达到郑州商品交易所强筋小麦交割标准（ZS）的样品 3 份；达到中强筋小麦标准（MS）的样品 17 份；达到中筋小麦标准（MG）的样品 140 份；未达标（—）的样品 87 份。中筋小麦主要品质指标特性如图 4-1 所示，达标小麦样品比例如图 4-2 所示。

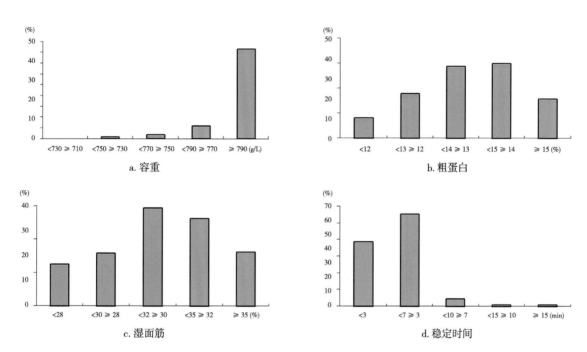

图 4-1 中筋小麦主要品质指标特征

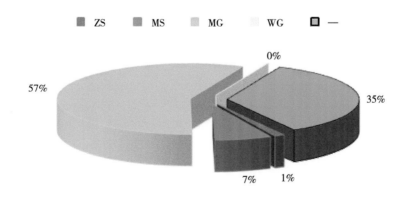

图 4-2 达标小麦样品比例

4.2 样本质量

2019年中筋小麦样品品质分析统计，如下表所示。

表 样品品质分析统计

样品编号	190054	190440	190088	190437	190405	190090	190244	190348
品种名称	308	安农0711	安农0711	安农0711	巴麦13	百农207	百农207	百农207
样品来源	河南滑县	安徽凤阳	安徽太和	安徽固镇	内蒙古临河	安徽太和	江苏丰县	江苏邳州
达标类型	MG	MS	MG	MG	—	MG	MG	MS
籽粒								
粒色	白	白	白	白	红	白	白	白
硬度指数	61	63	66	64	62	61	65	63
容重(g/L)	831	794	815	820	821	804	817	809
水分(%)	9.4	13.4	10.2	11.0	10.4	10.7	10.7	10.4
粗蛋白(%,干基)	13.9	14.0	13.2	13.6	14.0	14.1	12.2	14.1
降落数值(s)	417	374	420	351	311	406	416	381
面粉								
出粉率(%)	72.0	63.1	70.0	64.3	70.1	72.0	69.0	66.0
沉淀指数(mL)	29.0	35.0	27.5	29.0	35.5	33.0	27.0	30.0
湿面筋(%,14%湿基)	33.2	33.2	30.2	32.4	35.1	33.6	30.0	31.7
面筋指数	66		60		65	56	55	66
面团								
吸水量(mL/100 g)	59.7	61.4	59.2	60.1	59.9	55.3	59.0	58.5
形成时间(min)	3.0	3.7	3.2	3.0	4.3	3.7	4.0	4.2
稳定时间(min)	2.9	7.1	3.7	3.1	6.5	4.9	5.0	6.2
拉伸面积135(min)(cm²)		94						
延伸性(mm)		133						
最大拉伸阻力(E.U)		512						
烘焙评价								
面包体积(mL)								
面包评分								
蒸煮评价								
面条评分		87.0				80.7	80.7	80.7

（续表）

样品编号	190053	190105	190429	190432	190448	2019XM0046	2019XMZ101	2019XMZ127
品种名称	百农207	百农207	百农207	百农207	百农207	百农207	百农207	百农207
样品来源	河南滑县	安徽灵璧	安徽烈山	安徽临泉	安徽	河南方城	河南南乐	河南长垣
达标类型	MG	MG	MG	MG	MG	MG	MG	—
籽粒								
粒色	白	白	白	白	白	白	白	白
硬度指数	60	58	58	59	63	58	64	62
容重(g/L)	819	831	812	812	821	802	825	820
水分(%)	9.4	13.5	10.6	10.0	13.2	12.9	14.0	11.1
粗蛋白(%,干基)	14.2	13.4	12.6	14.0	14.2	15.5	14.1	14.7
降落数值(s)	376	424	332	418	363	334	370	370
面粉								
出粉率(%)	71.0	67.4	63.9	67.3	64.3	66.9	66.5	73.5
沉淀指数(mL)	30.0	31.4	27.0	32.0	28.0	46.0	36.3	33.0
湿面筋(%,14%湿基)	34.6	33.6	30.5	32.7	33.6	39.3	34.1	34.5
面筋指数	60							
面团								
吸水量(mL/100 g)	58.4	58.0	58.9	59.4	59.8	60.1	60.1	58.5
形成时间(min)	2.5	3.7	3.0	3.3	3.7	4.2	3.7	3.2
稳定时间(min)	2.8	3.7	2.6	3.6	4.8	5.0	4.2	2.2
拉伸面积135(min)(cm²)								
延伸性(mm)								
最大拉伸阻力(E.U)								
烘焙评价								
面包体积(mL)								
面包评分								
蒸煮评价								
面条评分								

（续表）

样品编号	2019XMZ182	2019XMZ194	2019XMZ251	190069	190533	190206	190223	190124
品种名称	百农207	百农207	百农207	半吨半8号	半吨半8号	泊麦7号	沧麦12	沧麦6002
样品来源	河南宁陵	河南杞县	河南嵩县	河北景县	河北景县	河北泊头	河北吴桥	河北黄骅
达标类型	MG	MG	—	MG	—	—	MG	—
籽粒								
粒色	白	白	白	白	白	白	白	白
硬度指数	61	62	70	67	67	63	66	62
容重(g/L)	835	823	794	823	767	831	817	778
水分(%)	12.1	12.5	11.1	9.5	10.8	13.1	10.2	10.2
粗蛋白(%,干基)	13.2	16.9	17.1	15.3	15.9	13.6	14.5	15.2
降落数值(s)	362	355	329	325	340	417	417	341
面粉								
出粉率(%)	68.4	67.3	63.4	68.0	68.7	70.0	66.0	69.0
沉淀指数(mL)	24.8	34.0	32.0	32.0	27.0	18.0	30.5	27.0
湿面筋(%,14%湿基)	34.8	34.6	40.7	37.5	34.8	32.1	29.8	35.9
面筋指数				62	59	32	64	39
面团								
吸水量(mL/100 g)	60.3	58.7	64.6	61.6	61.1	59.9	59.8	58.6
形成时间(min)	3.5	3.5	3.2	3.7	3.8	2.7	3.2	2.0
稳定时间(min)	4.0	3.7	1.6	5.0	4.7	1.8	4.9	1.2
拉伸面积135(min)(cm²)								
延伸性(mm)								
最大拉伸阻力(E.U)								
烘焙评价								
面包体积(mL)								
面包评分								
蒸煮评价								
面条评分								

样品编号	190462	190463	190539	190540	190521	190501	190500	190416
品种名称	沧麦6002	沧麦6002	沧麦6002	沧麦6005	岱麦4366	登海202	登海206	丰德存麦12
样品来源	河北沧县	河北沧县	河北沧县	河北沧县	山东莘县	山东莱州	山东莱州	安徽临泉
达标类型	—	—	—	MG	—	MG	MG	MG
籽粒								
粒色	白	白	白	白	白	白	白	白
硬度指数	58	64	62	60	63	59	64	65
容重(g/L)	782	808	768	804	829	814	823	796
水分(%)	12.4	13.0	10.6	10.6	10.1	10.2	10.4	10.0
粗蛋白(%,干基)	12.4	12.5	16.2	15.3	11.2	13.6	13.6	14.5
降落数值(s)	313	315	390	388	384	394	410	352
面粉								
出粉率(%)	66.2	65.0	70.2	71.7	70.9	72.0	69.0	67.1
沉淀指数(mL)	23.4	24.5	23.5	26.5	25.0	29.0	26.0	34.3
湿面筋(%,14%湿基)	32.6	33.2	38.0	37.5	22.2	31.7	29.5	34.8
面筋指数			17	39	95	65	48	
面团								
吸水量(mL/100 g)	57.9	59.9	59.8	60.4	56.7	60.7	60.6	61.2
形成时间(min)	2.4	2.5	2.7	2.7	1.4	3.8	3.5	2.9
稳定时间(min)	2.1	2.1	2.9	2.9	2.5	4.5	2.8	4.1
拉伸面积135(min)(cm²)								
延伸性(mm)								
最大拉伸阻力(E.U)								
烘焙评价								
面包体积(mL)								
面包评分								
蒸煮评价								
面条评分								

（续表）

样品编号	2019XM0050	190435	190506	190374	190409	190527	190495	190133
品种名称	改良矮抗58	冠麦1号	邯6172	邯麦11	邯麦19	邯麦19	邯农1412	航麦247
样品来源	河南长垣	安徽	河北永年	河北成安	河北大名	山东高唐	河北任丘	河北丰润
达标类型	MG	MG	MG	MG	MG	—	MG	—
籽粒								
粒色	白	白	白	白	白	白	白	白
硬度指数	64	57	63	62	63	63	66	64
容重(g/L)	837	826	817	824	813	821	806	799
水分(%)	12.8	10.0	10.4	10.0	10.3	11.0	10.4	10.3
粗蛋白(%,干基)	13.3	12.8	14.3	12.0	14.4	15.2	13.8	14.7
降落数值(s)	322	395	369	409	463	422	381	369
面粉								
出粉率(%)	63.9	69.1	70.4	68.0	70.6	70.2	64.6	69.0
沉淀指数(mL)	30.0	27.0	25.0	26.5	26.5	22.5	25.0	17.0
湿面筋(%,14%湿基)	30.6	30.7	31.6	28.6	31.3	35.8	30.6	35.9
面筋指数			46	67	47	17	59	30
面团								
吸水量(mL/100 g)	60.0	57.5	61.4	57.4	60.9	63.8	62.9	63.9
形成时间(min)	3.2	3.5	4.0	1.9	2.7	2.2	3.2	2.0
稳定时间(min)	3.7	4.0	3.9	4.2	3.3	1.1	3.1	0.9
拉伸面积135(min)(cm²)								
延伸性(mm)								
最大拉伸阻力(E.U)								
烘焙评价								
面包体积(mL)								
面包评分								
蒸煮评价								
面条评分								

（续表）

样品编号	190234	190366	190227	190208	190136	190219	190478	190523
品种名称	禾农130	河农6331	河农6426	河农827	衡0816	衡4399	衡4399	衡4399
样品来源	河北文安	河北成安	河北文安	河北泊头	河北馆陶	河北吴桥	河北故城	河北邢台
达标类型	MG	—	—	MG	MG	MG	—	—
籽粒								
粒色	白	白	白	白	白	白	白	白
硬度指数	63	62	67	67	64	64	64	63
容重(g/L)	792	825	746	802	813	804	824	815
水分(%)	10.5	9.8	10.4	10.5	10.0	9.8	10.2	10.4
粗蛋白(%,干基)	15.4	11.5	16.8	13.7	13.5	15.1	13.6	14.8
降落数值(s)	377	380	320	381	381	421	402	384
面粉								
出粉率(%)	68.0	72.0	65.0	67.0	66.0	68.0	71.4	70.8
沉淀指数(mL)	25.5	25.5	33.5	25.0	25.0	34.0	23.0	28.0
湿面筋(%,14%湿基)	35.4	30.4	39.4	30.8	28.4	34.2	30.4	34.4
面筋指数	45	46	60	65	62	55	48	45
面团								
吸水量(mL/100 g)	62.6	57.9	61.7	62.2	64.1	57.9	60.4	64.4
形成时间(min)	3.0	2.5	3.8	2.8	2.3	3.8	2.5	3.3
稳定时间(min)	2.9	2.3	3.8	3.3	4.0	3.5	2.3	1.9
拉伸面积135(min)(cm²)								
延伸性(mm)								
最大拉伸阻力(E.U)								
烘焙评价								
面包体积(mL)								
面包评分								
蒸煮评价								
面条评分								

（续表）

样品编号	190230	190207	2019XM0051	190119	190146	190162	190048	190256
品种名称	衡5835	衡观35	衡观35	华成1688	华麦6号	华麦6号	华伟2号	淮麦33
样品来源	河北南和	河北东光	河南桐柏	安徽灵璧	江苏射阳	江苏东台	河南滑县	江苏泗洪
达标类型	MG	—	MG	MG	—	MG	MG	MS
籽粒								
粒色	白	白	白	白	红	红	白	白
硬度指数	67	64	62	58	66	60	64	64
容重(g/L)	810	808	794	807	814	800	837	818
水分(%)	10.4	13.0	13.0	11.7	10.3	10.9	9.0	10.8
粗蛋白(%,干基)	14.2	14.5	13.8	13.6	12.4	12.7	13.9	14.2
降落数值(s)	437	341	384	385	366	381	370	398
面粉								
出粉率(%)	68.0	70.0	65.2	63.3	62.0	68.0	74.0	67.3
沉淀指数(mL)	28.5	27.0	33.0	24.5	25.0	26.5	31.0	26.0
湿面筋(%,14%湿基)	30.2	34.7	32.1	27.5	26.4	29.4	34.5	34.0
面筋指数	54	53			67	68	63	43
面团								
吸水量(mL/100 g)	64.6	64.5	58.6	54.5	60.3	61.5	63.4	58.8
形成时间(min)	2.8	3.0	4.7	4.0	4.0	3.3	3.7	2.8
稳定时间(min)	3.4	1.7	4.4	5.6	6.4	4.0	4.9	7.8
拉伸面积135(min)(cm²)								33
延伸性(mm)								149
最大拉伸阻力(E.U)								156
烘焙评价								
面包体积(mL)								
面包评分								
蒸煮评价								
面条评分				81.0	83.0			82.5

（续表）

样品编号	190259	190273	190282	190336	190347	190349	190103	190107
品种名称	淮麦33	淮麦33	淮麦33	淮麦33	淮麦33	淮麦33	淮麦33	淮麦33
样品来源	江苏沭阳	江苏淮阴	江苏赣榆	江苏涟水	江苏泗阳	江苏新沂	安徽埇桥	安徽怀远
达标类型	MS	—	MS	MS	MS	MS	MG	MG
籽粒								
粒色	白	白	白	白	白	白	白	白
硬度指数	54	63	63	62	64	64	63	64
容重(g/L)	803	812	805	821	822	810	843	842
水分(%)	10.3	10.9	10.9	10.5	10.2	10.2	12.3	13.2
粗蛋白(%,干基)	13.6	12.3	15.1	13.7	13.2	13.5	12.7	12.9
降落数值(s)	339	405	443	422	433	457	375	403
面粉								
出粉率(%)	64.0	68.0	67.0	64.0	67.0	66.0	65.7	65.1
沉淀指数(mL)	25.0	24.0	39.0	30.0	26.5	27.0	22.0	25.9
湿面筋(%,14%湿基)	29.7	28.6	36.8	30.3	29.9	31.2	30.5	30.3
面筋指数	70	52	61	66	54	57		
面团								
吸水量(mL/100 g)	55.3	58.3	57.6	59.8	58.7	57.6	59.9	60.1
形成时间(min)	3.7	3.7	3.4	4.7	3.3	3.5	3.0	2.0
稳定时间(min)	8.2	7.9	6.2	6.8	7.2	9.7	3.4	2.8
拉伸面积135(min)(cm²)	47	49			47	62		
延伸性(mm)	122	132			148	158		
最大拉伸阻力(E.U)	280	268			219	285		
烘焙评价								
面包体积(mL)								
面包评分								
蒸煮评价								
面条评分	82.5	82.5	82.5	82.5	82.5	82.5		

（续表）

样品编号	190264	190313	190356	190436	190433	190211	190049	190454
品种名称	淮麦33	淮麦33	淮麦33	淮麦33	徽研22	徽研912	获嘉1号	济麦22
样品来源	江苏灌南	江苏邳州	江苏东海	安徽固镇	安徽	安徽颍泉	河南滑县	安徽临泉
达标类型	MG	MG	MG	—	MG	MG	—	MG
籽粒								
粒色	白	白	白	白	白	白	白	白
硬度指数	65	66	65	61	66	55	59	60
容重(g/L)	822	836	816	813	835	846	823	822
水分(%)	11.5	10.2	10.2	11.2	10.7	10.9	9.2	13.1
粗蛋白(%,干基)	14.4	12.1	14.9	11.5	13.5	13.1	11.9	13.8
降落数值(s)	420	424	538	393	338	385	401	353
面粉								
出粉率(%)	69.0	68.0	68.0	63.5	63.3	69.2	69.0	63.0
沉淀指数(mL)	28.0	21.0	30.5	23.8	29.5	32.3	21.0	30.0
湿面筋(%,14%湿基)	34.0	28.8	36.4	25.6	30.1	31.1	26.0	29.2
面筋指数	50	50	58				61	
面团								
吸水量(mL/100 g)	59.3	56.9	61.9	59.1	62.5	56.9	58.6	59.0
形成时间(min)	2.9	2.5	3.0	2.7	3.5	1.5	4.3	3.8
稳定时间(min)	4.9	3.1	4.9	2.9	2.6	4.3	3.9	5.9
拉伸面积135(min)(cm²)								
延伸性(mm)								
最大拉伸阻力(E.U)								
烘焙评价								
面包体积(mL)								
面包评分								
蒸煮评价								
面条评分								83.0

样品编号	190085	190317	190182	190216	190226	190236	190305	190369
品种名称	济麦22	济麦22	济麦22	济麦22	济麦22	济麦22	济麦22	济麦22
样品来源	安徽界首	江苏新沂	山东滕州	河北滦南	河北文安	河北任县	江苏东海	河北成安
达标类型	MS	MG	MG	—	—	MG	MG	—
籽粒								
粒色	白	白	白	白	白	白	白	白
硬度指数	64	62	64	66	64	66	67	64
容重(g/L)	845	808	829	814	792	812	814	831
水分(%)	10.5	10.1	10.3	10.7	10.1	10.7	10.6	9.8
粗蛋白(%,干基)	13.9	15.8	14.3	13.7	14.9	14.2	14.1	12.3
降落数值(s)	422	477	431	368	357	426	382	432
面粉								
出粉率(%)	69.0	68.0	68.0	70.0	68.0	68.0	70.0	68.0
沉淀指数(mL)	38.0	38.0	24.5	27.0	28.5	26.0	23.0	24.0
湿面筋(%,14%湿基)	28.8	39.0	33.9	33.0	34.7	31.8	34.9	32.7
面筋指数	95	55	45	51	53	58	41	49
面团								
吸水量(mL/100 g)	57.7	59.1	62.3	60.0	58.2	63.6	62.4	58.3
形成时间(min)	2.5	4.0	3.0	2.2	2.8	3.2	2.8	2.3
稳定时间(min)	12.3	5.8	3.0	1.9	2.0	3.8	2.7	1.6
拉伸面积135(min)(cm²)	107							
延伸性(mm)	119							
最大拉伸阻力(E.U)	685							
烘焙评价								
面包体积(mL)								
面包评分								
蒸煮评价								
面条评分	80.5	80.5						

（续表）

样品编号	190381	190384	190392	190412	190479	190485	190493	190507
品种名称	济麦22	济麦22	济麦22	济麦22	济麦22	济麦22	济麦22	济麦22
样品来源	河北南和	山东滨城	山东东阿	山东即墨	河北故城	山东郯城	河北任丘	河北永年
达标类型	—	MG	MG	MG	—	MG	MG	—
籽粒								
粒色	白	白	白	白	白	白	白	白
硬度指数	66	65	69	62	66	67	63	63
容重(g/L)	825	818	818	815	831	828	812	802
水分(%)	10.5	10.3	10.2	10.1	10.5	10.2	10.1	10.3
粗蛋白(%,干基)	14.6	13.9	13.4	13.1	13.5	15.1	13.7	13.5
降落数值(s)	382	417	409	458	498	425	388	323
面粉								
出粉率(%)	67.0	68.0	65.0	65.8	71.0	67.6	67.5	68.8
沉淀指数(mL)	26.0	25.0	24.0	32.0	21.5	26.0	23.0	21.0
湿面筋(%,14%湿基)	30.6	32.9	28.6	32.2	29.9	31.7	31.6	29.9
面筋指数	43	50	50	44	41	49	41	30
面团								
吸水量(mL/100 g)	60.0	63.2	61.3	59.9	62.7	58.9	61.9	59.4
形成时间(min)	2.5	3.0	3.3	2.8	2.2	3.2	2.8	2.5
稳定时间(min)	2.4	2.8	3.3	3.6	2.4	3.5	2.7	2.2
拉伸面积135(min)(cm²)								
延伸性(mm)								
最大拉伸阻力(E.U)								
烘焙评价								
面包体积(mL)								
面包评分								
蒸煮评价								
面条评分								

（续表）

样品编号	190525	190526	190537	190538	190512	190135	190125	190198
品种名称	济麦22	济麦22	冀麦20	冀麦20	冀麦22	冀麦418	捷麦19	金农58
样品来源	河北邢台	山东高唐	河北玉田	河北玉田	河北阜城	河北馆陶	河北黄骅	河北高邑
达标类型	MG	—	MG	MG	MG	—	—	MG
籽粒								
粒色	白	白	白	白	白	白	白	白
硬度指数	64	64	63	64	63	65	60	64
容重(g/L)	830	820	815	814	822	806	742	821
水分(%)	10.0	11.2	10.6	10.4	10.2	10.4	10.4	10.5
粗蛋白(%,干基)	13.2	15.3	13.6	13.5	13.9	13.2	16.0	12.2
降落数值(s)	391	469	386	398	383	396	390	382
面粉								
出粉率(%)	69.0	70.2	69.0	67.9	67.8	70.0	69.0	70.0
沉淀指数(mL)	24.0	25.0	26.0	26.5	27.0	25.0	36.0	23.0
湿面筋(%,14%湿基)	29.8	35.3	31.3	31.7	32.1	30.1	37.1	29.9
面筋指数	48	43	64	64	47	48	49	52
面团								
吸水量(mL/100 g)	62.2	64.0	64.1	63.6	63.9	64.2	58.2	61.7
形成时间(min)	2.7	2.7	3.5	3.8	2.7	2.3	2.7	2.5
稳定时间(min)	2.6	1.9	3.3	3.3	2.8	2.3	1.8	2.8
拉伸面积135(min)(cm²)								
延伸性(mm)								
最大拉伸阻力(E.U)								
烘焙评价								
面包体积(mL)								
面包评分								
蒸煮评价								
面条评分								

（续表）

样品编号	190217	190376	190389	190241	190176	190229	190138	190513
品种名称	京花11	京麦179	俊达子麦603	连麦8号	良麦6号	良星66	良星67	良星99
样品来源	河北滦南	山西阳城	山西芮城	江苏灌云	陕西临渭	河北南和	河北宁县	河北阜城
达标类型	—	—	MG	MG	—	MG	ZS2/MS	MG
籽粒								
粒色	白	白	白	白	白	白	白	白
硬度指数	64	62	64	60	61	66	64	64
容重(g/L)	806	732	842	781	820	804	816	795
水分(%)	10.4	10.3	10.1	10.7	10.1	10.2	10.5	10.3
粗蛋白(%,干基)	13.6	19.5	15.2	14.6	14.0	14.5	15.4	14.4
降落数值(s)	323	370	394	346	400	426	410	411
面粉								
出粉率(%)	73.0	71.0	67.5	66.0	71.0	68.0	68.0	67.4
沉淀指数(mL)	22.5	33.5	33.5	28.0	20.0	27.0	40.0	25.5
湿面筋(%,14%湿基)	31.9	45.7	33.9	31.9	34.4	31.7	31.0	33.0
面筋指数	19	32	48	51	42	47	96	42
面团								
吸水量(mL/100 g)	59.8	61.3	67.8	58.0	59.3	65.2	58.1	63.8
形成时间(min)	2.0	3.3	3.7	3.4	2.4	2.8	2.7	2.7
稳定时间(min)	1.0	2.2	3.7	5.5	1.3	2.8	21.9	3.0
拉伸面积135(min)(cm²)							121	
延伸性(mm)							167	
最大拉伸阻力(E.U)							583	
烘焙评价								
面包体积(mL)								
面包评分								
蒸煮评价								
面条评分				79.2			81.7	

（续表）

样品编号	190492	190487	190491	190452	190504	190505	190137	190231
品种名称	临麦4号	临麦9号	临麦9号	柳麦716	龙麦1号	龙麦2号	鲁原502	鲁原502
样品来源	山东沂南	山东郯城	山东沂南	安徽濉溪	河北永年	河北永年	河北馆陶	河北南和
达标类型	—	MG	MG	MG	MG	MG	MG	MG
籽粒								
粒色	白	白	白	白	白	白	白	白
硬度指数	55	64	63	63	63	60	63	67
容重(g/L)	812	819	818	815	807	818	813	789
水分(%)	10.2	10.8	10.3	13.1	10.0	10.0	9.9	10.6
粗蛋白(%,干基)	14.2	13.3	14.0	13.1	14.8	14.6	13.0	13.6
降落数值(s)	381	405	408	355	406	342	404	445
面粉								
出粉率(%)	65.7	67.1	68.8	65.0	68.1	69.7	67.0	69.0
沉淀指数(mL)	20.0	24.0	27.5	29.0	25.0	24.0	24.5	23.0
湿面筋(%,14%湿基)	33.0	27.8	30.9	30.1	32.7	31.4	28.9	30.2
面筋指数	44	55	47		42	43	54	53
面团								
吸水量(mL/100 g)	60.7	59.3	59.5	63.4	61.6	59.2	64.7	64.8
形成时间(min)	2.0	3.8	2.9	4.3	2.7	2.7	2.4	5.0
稳定时间(min)	1.9	4.7	3.8	4.9	4.0	3.7	4.2	4.7
拉伸面积135(min)(cm²)								
延伸性(mm)								
最大拉伸阻力(E.U)								
烘焙评价								
面包体积(mL)								
面包评分								
蒸煮评价								
面条评分								

（续表）

样品编号	190367	190383	190215	190550	190112	190285	2019XM0052	2019XM0053
品种名称	鲁原502	鲁原502	轮选266	轮选45	罗麦10	罗麦10	洛旱6号	洛麦23
样品来源	河北成安	山东滨城	河北滦南	河北赵县	安徽长丰	江苏姜堰	河南渑池	河南淮阳
达标类型	—	MG	MG	MS	—	—	MG	MG
籽粒								
粒色	白	白	白	白	红	红	白	白
硬度指数	65	67	66	63	70	64	60	57
容重(g/L)	803	771	815	806	816	793	796	827
水分(%)	10.1	10.6	11.2	10.0	12.1	10.5	12.3	12.7
粗蛋白(%,干基)	11.7	14.1	12.7	13.9	16.9	16.6	14.6	12.7
降落数值(s)	447	426	396	455	385	278	341	403
面粉								
出粉率(%)	65.0	67.0	69.0	70.0	66.4	65.0	65.9	67.6
沉淀指数(mL)	25.5	25.0	26.0	27.0	33.5	32.0	35.0	30.3
湿面筋(%,14%湿基)	30.2	31.2	30.5	28.3	37.8	39.5	32.8	31.0
面筋指数	61	53	80	97		54		
面团								
吸水量(mL/100 g)	59.8	65.4	57.8	58.2	64.9	62.6	59.0	58.3
形成时间(min)	2.2	5.5	4.5	5.3	3.9	3.9	4.2	3.0
稳定时间(min)	4.3	4.8	5.9	8.0	2.1	3.0	3.1	3.5
拉伸面积135(min)(cm²)				90				
延伸性(mm)				169				
最大拉伸阻力(E.U)				378				
烘焙评价								
面包体积(mL)								
面包评分								
蒸煮评价								
面条评分			81.3	85.0				

（续表）

样品编号	2019XM0054	190261	190265	190270	190297	190325	190342	190246
品种名称	漯麦18	宁麦13	宁麦13	宁麦13	宁麦13	宁麦13	宁麦13	宁麦13
样品来源	河南新郑	江苏射阳	江苏六合	江苏高邮	江苏江宁	江苏宜兴	江苏江都	江苏大丰
达标类型	MG	—	MG	ZS3	—	MG	MG	—
籽粒								
粒色	白	红	红	红	红	红	红	红
硬度指数	59	60	63	64	62	66	62	63
容重(g/L)	814	753	803	832	767	838	807	784
水分(%)	13.0	11.0	11.4	10.9	10.5	10.4	10.1	11.1
粗蛋白(%,干基)	15.5	12.1	15.0	14.6	11.6	12.4	15.0	10.1
降落数值(s)	377	408	379	403	388	414	478	383
面粉								
出粉率(%)	68.8	67.0	70.0	69.0	67.0	66.0	66.0	63.2
沉淀指数(mL)	33.0	31.5	37.0	36.5	30.0	30.0	38.0	17.0
湿面筋(%,14%湿基)	38.2	27.3	35.2	32.3	26.1	29.5	35.3	23.7
面筋指数		77	59	90	80	72	58	47
面团								
吸水量(mL/100 g)	58.9	58.2	62.4	60.8	58.7	63.4	64.5	58.1
形成时间(min)	3.8	3.8	4.0	6.2	3.2	3.0	3.7	2.3
稳定时间(min)	2.7	5.8	5.9	8.9	5.3	5.1	5.4	2.1
拉伸面积135(min)(cm²)				103				
延伸性(mm)				165				
最大拉伸阻力(E.U)				455				
烘焙评价								
面包体积(mL)								
面包评分								
蒸煮评价								
面条评分		79.2	79.2	79.2	79.2	79.2	79.2	

（续表）

样品编号	190279	190283	190290	190293	190300	190303	190332	190345
品种名称	宁麦13	宁麦13	宁麦13	宁麦13	宁麦13	宁麦13	宁麦13	宁麦13
样品来源	江苏姜堰	江苏盱眙	江苏海安	江苏金湖	江苏兴化	江苏靖江	江苏洪泽	江苏泰兴
达标类型	MG	—	MG	MG	—	MG	MG	—
籽粒								
粒色	红	红	红	红	红	红	红	红
硬度指数	64	62	65	62	61	63	60	62
容重(g/L)	811	800	804	829	805	807	812	815
水分(%)	10.7	10.8	10.9	10.5	10.4	10.3	10.5	10.5
粗蛋白(%,干基)	13.8	14.0	12.4	13.3	14.9	12.8	12.7	11.5
降落数值(s)	429	435	385	405	447	347	454	363
面粉								
出粉率(%)	66.0	66.0	65.0	68.0	68.0	63.0	68.0	62.0
沉淀指数(mL)	31.5	26.0	28.0	28.0	34.0	26.5	29.0	34.0
湿面筋(%,14%湿基)	32.6	33.5	27.4	30.9	36.6	30.2	30.1	20.3
面筋指数	51	49	69	60	53	58	59	70
面团								
吸水量(mL/100 g)	60.7	60.2	60.1	61.0	61.4	60.2	59.7	59.5
形成时间(min)	3.7	2.9	2.7	2.8	2.9	2.2	2.8	1.5
稳定时间(min)	3.4	2.1	4.5	3.4	2.2	2.9	4.2	2.9
拉伸面积135(min)(cm²)								
延伸性(mm)								
最大拉伸阻力(E.U)								
烘焙评价								
面包体积(mL)								
面包评分								
蒸煮评价								
面条评分								

样品编号	190346	190353	190355	190422	190233	190196	190543	190218
品种名称	宁麦13	宁麦13	宁麦13	宁麦13	农大212	农大399	农大399	农大5181
样品来源	江苏高港	江苏淮安	江苏盐都	安徽明光	河北文安	河北高邑	河北临漳	河北滦南
达标类型	—	—	MG	—	—	—	—	MG
籽粒								
粒色	红	红	红	红	白	白	白	白
硬度指数	62	63	63	56	61	63	60	62
容重(g/L)	792	809	814	809	777	810	805	819
水分(%)	10.2	10.3	10.4	10.5	10.1	13.1	9.1	10.8
粗蛋白(%,干基)	9.8	14.2	12.7	11.5	17.1	14.6	13.3	14.4
降落数值(s)	376	442	442	381	334	248	361	330
面粉								
出粉率(%)	62.0	67.0	67.0	66.6	68.0	71.0	66.5	73.0
沉淀指数(mL)	23.5	25.0	33.5	33.5	22.5	27.0	20.0	30.5
湿面筋(%,14%湿基)	24.1	33.3	31.0	25.0	38.9	34.2	31.0	32.7
面筋指数	70	42	76		9	46	36	55
面团								
吸水量(mL/100 g)	59.8	60.5	60.6	57.0	61.4	58.3	59.8	57.3
形成时间(min)	3.2	2.5	2.9	3.3	2.5	2.4	3.0	2.9
稳定时间(min)	3.8	2.1	4.8	4.2	1.4	1.5	2.1	2.8
拉伸面积135(min)(cm²)								
延伸性(mm)								
最大拉伸阻力(E.U)								
烘焙评价								
面包体积(mL)								
面包评分								
蒸煮评价								
面条评分								

（续表）

样品编号	2019XM0055	190199	190120	190424	190431	190175	190177	190442
品种名称	平安8号	齐麦2号	全麦725	瑞华麦215	瑞麦618	润良麦316	润良麦3号	三抗10号
样品来源	河南郸城	河北桃城	安徽颍上	安徽濉溪	安徽临泉	陕西临渭	陕西临渭	安徽阜南
达标类型	MG	MG	MG	MG	MG	MG	—	MG
籽粒								
粒色	白	白	白	白	白	白	白	白
硬度指数	69	65	54	50	65	65	64	63
容重(g/L)	780	770	836	812	817	836	814	776
水分(%)	13.3	10.1	11.5	10.5	10.4	10.4	10.0	12.9
粗蛋白(%,干基)	13.0	13.1	13.0	12.4	12.6	14.6	13.8	15.9
降落数值(s)	380	406	388	387	331	426	404	322
面粉								
出粉率(%)	63.2	68.0	62.6	64.8	63.4	71.0	68.0	67.1
沉淀指数(mL)	35.3	20.0	24.8	22.8	33.0	34.0	25.5	32.0
湿面筋(%,14%湿基)	31.0	29.0	30.9	25.7	29.3	36.3	32.9	32.3
面筋指数		65				62	59	
面团								
吸水量(mL/100 g)	61.5	60.2	53.2	52.6	61.1	64.3	60.9	61.3
形成时间(min)	4.7	2.7	1.7	3.3	3.5	3.0	3.0	4.2
稳定时间(min)	5.8	4.0	2.7	3.9	3.8	2.9	2.3	5.9
拉伸面积135(min)(cm²)								
延伸性(mm)								
最大拉伸阻力(E.U)								
烘焙评价								
面包体积(mL)								
面包评分								
蒸煮评价								
面条评分								81.0

（续表）

样品编号	190379	190465	190466	190496	190532	2019XM0056	190377	190081
品种名称	山农14	山农20	山农20	山农20	山农20	山农20	山农28	山农28
样品来源	山东临淄	山东嘉祥	安徽埇桥	山东宁阳	山东郓城	河南南乐	山东临淄	河北永年
达标类型	MS	MG	MG	MG	MG	MG	MG	MG
籽粒								
粒色	白	白	白	白	白	白	白	白
硬度指数	67	62	65	66	64	58	66	65
容重(g/L)	808	840	830	813	798	821	805	811
水分(%)	10.2	12.7	12.6	10.7	9.9	12.8	9.9	9.6
粗蛋白(%,干基)	13.7	12.6	12.7	14.5	14.4	14.2	12.7	14.6
降落数值(s)	382	361	348	479	509	350	476	411
面粉								
出粉率(%)	69.0	63.6	63.8	68.1	69.5	69.8	73.0	68.0
沉淀指数(mL)	32.0	27.8	28.0	31.0	26.5	28.0	26.5	29.0
湿面筋(%,14%湿基)	32.8	30.1	29.5	31.2	32.3	34.0	31.4	34.2
面筋指数	61			59	51		65	71
面团								
吸水量(mL/100 g)	62.6	65.4	63.0	64.0	62.5	58.8	60.1	64.6
形成时间(min)	3.7	3.0	3.0	3.7	3.7	3.0	3.5	3.8
稳定时间(min)	6.2	4.0	3.6	3.9	3.6	2.9	5.0	3.4
拉伸面积135(min)(cm²)								
延伸性(mm)								
最大拉伸阻力(E.U)								
烘焙评价								
面包体积(mL)								
面包评分								
蒸煮评价								
面条评分	81.0						83.0	

（续表）

样品编号	190535	190514	190408	190220	190221	190228	190232	190365
品种名称	山农优麦2号	石家庄8号	石麦22	石农086	石农086	石农086	石农086	石农086
样品来源	河北景县	河北阜城	河北大名	河北吴桥	河北吴桥	河北南和	河北文安	河北成安
达标类型	MG	MG	—	—	—	MG	MG	—
籽粒								
粒色	白	白	白	白	白	白	白	白
硬度指数	64	63	61	66	67	67	67	66
容重(g/L)	833	826	777	832	825	807	807	833
水分(%)	9.6	10.6	10.3	10.3	10.3	10.2	10.3	9.8
粗蛋白(%,干基)	13.8	14.2	13.0	14.3	14.4	12.9	13.8	11.8
降落数值(s)	397	315	375	407	419	407	408	408
面粉								
出粉率(%)	66.5	66.6	69.6	68.0	68.0	68.0	67.0	70.0
沉淀指数(mL)	23.5	23.0	16.5	24.5	24.0	27.5	22.0	22.5
湿面筋(%,14%湿基)	29.8	31.1	28.9	30.6	30.2	29.6	31.3	26.9
面筋指数	56	44	3	54	54	61	37	53
面团								
吸水量(mL/100 g)	64.6	62.9	54.0	62.2	62.4	64.2	60.8	61.4
形成时间(min)	2.8	3.0	1.8	2.2	2.7	3.0	2.7	2.4
稳定时间(min)	2.5	2.9	1.1	2.0	2.2	3.0	2.5	2.3
拉伸面积135(min)(cm²)								
延伸性(mm)								
最大拉伸阻力(E.U)								
烘焙评价								
面包体积(mL)								
面包评分								
蒸煮评价								
面条评分								

（续表）

样品编号	190388	190528	190536	190142	190391	190494	190271	190110
品种名称	石农086	石农086	石农086	石农958	石新828	石优20	苏麦188	苏麦188
样品来源	山西芮城	山东高唐	河北景县	河北馆陶	河北望都	河北任丘	江苏仪征	安徽定远
达标类型	MG	MG	—	MG	MS	MG	GB1/ZS1	MG
籽粒								
粒色	白	白	白	白	白	白	红	红
硬度指数	64	65	62	66	64	65	65	55
容重(g/L)	797	825	836	792	812	810	787	831
水分(%)	10.1	10.9	9.4	10.3	10.0	10.6	10.7	13.2
粗蛋白(%,干基)	13.3	13.2	13.5	13.2	14.3	14.2	16.8	13.4
降落数值(s)	356	408	421	439	362	381	312	305
面粉								
出粉率(%)	67.0	66.9	68.7	68.0	69.5	66.9	69.0	68.7
沉淀指数(mL)	23.0	24.5	24.5	26.0	30.5	24.0	42.0	26.0
湿面筋(%,14%湿基)	29.8	28.1	30.5	28.4	30.7	31.6	37.2	30.5
面筋指数	46	66	44	86	68	49	79	
面团								
吸水量(mL/100 g)	63.1	63.7	65.3	61.7	61.9	63.8	63.7	56.6
形成时间(min)	2.8	3.7	2.5	3.5	3.8	3.0	8.8	2.7
稳定时间(min)	2.5	4.5	1.7	5.2	6.1	2.6	18.3	2.6
拉伸面积135(min)(cm²)							150	
延伸性(mm)							160	
最大拉伸阻力(E.U)							712	
烘焙评价								
面包体积(mL)							890	
面包评分							88.2	
蒸煮评价								
面条评分				82.0				

（续表）

样品编号	190113	190529	190430	190100	190096	190046	190460	2019XM0060
品种名称	苏麦188	太麦198	天益麦5号	皖麦606	未来0818	武农998	西农822	先麦12
样品来源	安徽裕安	山东高唐	安徽确山	安徽长丰	安徽埇桥	河南滑县	河南驿城	河南固始
达标类型	MG	MG	MG	—	MG	—	MS	MG
籽粒								
粒色	红	白	白	白	白	白	白	白
硬度指数	60	68	55	53	54	66	69	62
容重(g/L)	809	814	790	821	830	758	835	791
水分(%)	11.7	11.0	10.0	12.1	12.9	9.7	13.2	13.3
粗蛋白(%,干基)	14.5	14.9	13.5	11.4	13.0	13.2	15.0	13.5
降落数值(s)	357	443	355	367	362	341	393	377
面粉								
出粉率(%)	65.3	67.7	67.5	64.7	64.5	68.0	67.2	67.7
沉淀指数(mL)	30.0	29.5	25.3	18.0	22.5	29.0	33.0	24.0
湿面筋(%,14%湿基)	34.2	31.8	29.5	26.0	32.4	28.4	34.3	32.7
面筋指数		56				83		
面团								
吸水量(mL/100 g)	59.6	63.0	55.3	50.7	51.2	65.2	70.9	58.3
形成时间(min)	2.5	3.0	3.2	2.0	2.3	3.3	4.4	2.4
稳定时间(min)	2.6	5.1	3.3	2.0	3.2	4.1	6.3	2.5
拉伸面积135(min)(cm²)								
延伸性(mm)								
最大拉伸阻力(E.U)								
烘焙评价								
面包体积(mL)								
面包评分								
蒸煮评价								
面条评分		82.0					81.0	

（续表）

样品编号	190168	190050	190045	190224	190518	190519	190382	190173
品种名称	项麦188	新郑2号	鑫华麦818	鑫麦296	鑫麦296	鑫麦807	鑫农137	星育2116
样品来源	河南项城	河南滑县	河南滑县	河北吴桥	山东莘县	山东莘县	河北南和	河南濮阳
达标类型	—	MG	MG	MG	MG	MG	—	MG
籽粒								
粒色	白	白	白	白	白	白	白	白
硬度指数	59	58	57	66	64	63	64	64
容重(g/L)	767	803	784	798	807	820	819	842
水分(%)	9.8	9.1	9.6	10.3	10.2	10.1	10.0	9.8
粗蛋白(%,干基)	13.8	14.1	13.7	14.3	14.5	12.9	13.6	14.3
降落数值(s)	377	411	372	417	499	414	310	371
面粉								
出粉率(%)	70.0	72.0	73.0	67.0	65.9	70.6	68.0	70.0
沉淀指数(mL)	26.0	25.5	27.0	29.5	31.0	23.5	22.0	28.5
湿面筋(%,14%湿基)	31.2	31.4	31.9	32.2	32.9	30.6	29.1	36.3
面筋指数	48	59	60	62	56	52	43	44
面团								
吸水量(mL/100 g)	60.4	56.5	56.1	61.7	65.0	61.3	57.3	65.7
形成时间(min)	3.0	3.2	3.7	2.7	3.2	3.0	2.2	3.7
稳定时间(min)	3.9	3.9	5.8	3.9	4.0	3.0	1.5	3.0
拉伸面积135(min)(cm²)								
延伸性(mm)								
最大拉伸阻力(E.U)								
烘焙评价								
面包体积(mL)								
面包评分								
蒸煮评价								
面条评分		84.0						

（续表）

样品编号	190364	190007	190357	190239	190255	190257	190263	190284
品种名称	邢麦13	邢麦6号	徐麦35	扬辐麦4号	扬辐麦4号	扬辐麦4号	扬辐麦4号	扬辐麦4号
样品来源	河北成安	河南平桥	江苏贾汪	江苏江都	江苏邗江	江苏高邮	江苏溧阳	江苏金坛
达标类型	—	—	—	—	MG	MG	ZS2	—
籽粒								
粒色	白	白	白	红	红	红	红	红
硬度指数	64	69	66	55	54	53	63	56
容重(g/L)	814	814	803	798	795	816	801	758
水分(%)	10.4	10.0	10.2	11.0	10.6	10.6	11.0	10.8
粗蛋白(%,干基)	12.8	12.7	12.9	13.1	12.6	13.9	15.4	12.9
降落数值(s)	389	449	449	336	369	371	404	372
面粉								
出粉率(%)	74.0	69.0	68.0	69.0	64.6	66.0	68.0	64.0
沉淀指数(mL)	27.0	29.5	25.5	22.0	24.0	26.0	40.0	25.5
湿面筋(%,14%湿基)	27.6	29.9	31.0	30.3	30.7	32.7	33.2	29.4
面筋指数	69	83	54	39	58	53	85	62
面团								
吸水量(mL/100 g)	57.3	66.5	60.8	58.5	56.9	57.4	60.8	58.5
形成时间(min)	5.0	4.0	2.7	1.8	2.7	2.5	6.8	1.8
稳定时间(min)	6.6	7.2	2.4	1.7	3.2	2.6	13.3	2.3
拉伸面积135(min)(cm²)		93					144	
延伸性(mm)		135					157	
最大拉伸阻力(E.U)		514					730	
烘焙评价								
面包体积(mL)								
面包评分								
蒸煮评价								
面条评分	85.7	75.0						

样品编号	190339	190444	190252	190260	190280	190322	190323	190326
品种名称	扬辐麦4号	扬麦13	扬麦16	扬麦16	扬麦16	扬麦16	扬麦16	扬麦16
样品来源	江苏宝应	安徽金安	江苏吴江	江苏如东	江苏张家港	江苏太仓	江苏常熟	江苏丹徒
达标类型	MG	—	—	MG	—	—	WG	—
籽粒								
粒色	红	红	红	红	红	红	红	红
硬度指数	52	62	64	63	61	52	60	52
容重(g/L)	814	791	829	799	787	788	797	771
水分(%)	10.3	10.6	10.9	10.7	11.1	10.3	10.4	10.8
粗蛋白(%,干基)	14.8	9.7	11.7	12.5	11.3	11.6	9.6	12.0
降落数值(s)	374	267	374	369	371	392	393	314
面粉								
出粉率(%)	66.0	65.9	68.8	70.0	66.0	64.0	66.0	65.0
沉淀指数(mL)	28.0	23.3	29.5	30.0	25.5	25.0	19.5	18.0
湿面筋(%,14%湿基)	34.3	20.7	26.6	29.3	24.8	25.1	19.9	25.6
面筋指数	64		69	66	78	76	86	47
面团								
吸水量(mL/100 g)	57.3	60.6	59.6	60.1	57.5	54.7	54.9	55.7
形成时间(min)	3.0	1.8	2.4	3.2	2.2	1.9	1.5	1.5
稳定时间(min)	3.9	2.9	3.8	3.6	3.8	5.0	1.8	1.9
拉伸面积135(min)(cm²)								
延伸性(mm)								
最大拉伸阻力(E.U)								
烘焙评价								
面包体积(mL)								
面包评分								
蒸煮评价								
面条评分								

（续表）

样品编号	190253	190267	190243	190274	190278	190302	190070	190143
品种名称	扬麦25	扬麦25	扬麦25	扬麦25	扬麦25	扬麦25	婴泊700	婴泊700
样品来源	江苏溧水	江苏盱眙	江苏如东	江苏江阴	江苏如皋	江苏扬中	河北景县	河北馆陶
达标类型	—	MG	—	MG	MG	—	—	MG
籽粒								
粒色	红	红	红	红	红	红	白	白
硬度指数	53	55	52	53	52	51	62	65
容重(g/L)	771	804	820	820	778	789	766	818
水分(%)	10.6	11.7	11.5	11.2	10.6	10.4	9.2	10.3
粗蛋白(%,干基)	14.7	12.9	11.4	12.3	12.4	10.6	14.7	14.0
降落数值(s)	370	345	382	349	368	425	406	414
面粉								
出粉率(%)	60.0	65.0	63.0	66.0	67.0	65.0	70.0	69.0
沉淀指数(mL)	28.0	27.0	27.5	25.0	22.0	21.0	28.0	25.5
湿面筋(%,14%湿基)	26.4	28.2	23.9	27.5	27.0	24.3	35.3	31.8
面筋指数	92	87	98	72	70	91	53	49
面团								
吸水量(mL/100 g)	53.8	54.2	54.7	53.9	53.9	53.8	61.6	64.1
形成时间(min)	2.2	2.2	1.5	2.2	2.0	1.4	2.5	2.5
稳定时间(min)	6.3	5.6	2.7	4.7	4.0	2.7	2.1	3.2
拉伸面积135(min)(cm²)								
延伸性(mm)								
最大拉伸阻力(E.U)								
烘焙评价								
面包体积(mL)								
面包评分								
蒸煮评价								
面条评分	81.3	81.3						

样品编号	190534	190407	190171	2019XM0062	2019XMZ039	2019XM0063	2019XM0064	2019XM0065
品种名称	婴泊700	永良4号	豫丰101	豫麦49	豫麦49	豫麦49-198	豫农035	豫农49-198
样品来源	河北景县	内蒙古临河	河南濮阳	河南罗山	河南渑池	河南洛宁	河南林州	河南林州
达标类型	—	MG	MG	—	MG	—	—	—
籽粒								
粒色	白	白	白	白	白	白	白	白
硬度指数	62	62	52	57	58	56	55	55
容重(g/L)	829	845	793	774	800	784	761	770
水分(%)	10.3	10.2	9.8	12.4	12.6	12.2	11.3	12.4
粗蛋白(%,干基)	14.7	13.8	14.7	11.2	14.6	15.9	13.1	17.1
降落数值(s)	388	326	417	274	372	332	371	372
面粉								
出粉率(%)	67.8	72.2	69.0	64.7	66.0	67.5	67.0	66.4
沉淀指数(mL)	27.0	30.5	28.0	34.0	36.0	24.8	23.3	33.0
湿面筋(%,14%湿基)	34.4	31.8	33.3	24.2	35.0	38.2	29.5	36.7
面筋指数	45	68	52					
面团								
吸水量(mL/100 g)	63.4	57.1	57.3	57.5	57.7	58.0	56.0	56.2
形成时间(min)	2.3	3.2	2.8	1.2	3.8	2.4	2.4	3.2
稳定时间(min)	1.9	5.4	3.2	1.0	3.6	1.5	1.7	2.3
拉伸面积135(min)(cm²)								
延伸性(mm)								
最大拉伸阻力(E.U)								
烘焙评价								
面包体积(mL)								
面包评分								
蒸煮评价								
面条评分			86.5					

（续表）

样品编号	190077	2019XM0066	190134	190375	2019XM0070	2019XMZ033	190520	190132
品种名称	郑麦101	郑麦101	中麦175	中麦175	中麦175	中麦175	中麦4072	中麦816
样品来源	河南西华	河南淅川	河北丰润	山西阳城	河南宁陵	河南渑池	山东莘县	河北丰润
达标类型	—	MG	MG	—	MG	—	—	MS
籽粒								
粒色	白	白	白	白	白	白	白	白
硬度指数	61	61	63	64	57	57	65	64
容重(g/L)	782	783	803	737	811	838	834	796
水分(%)	10.2	13.1	10.3	10.4	13.2	12.7	10.2	10.4
粗蛋白(%,干基)	15.8	15.3	14.8	19.2	14.8	14.0	12.6	14.3
降落数值(s)	238	343	434	408	333	334	419	395
面粉								
出粉率(%)	69.0	64.3	71.0	72.0	71.2	66.3	69.8	70.0
沉淀指数(mL)	34.5	39.0	31.0	39.5	32.0	26.0	20.0	37.5
湿面筋(%,14%湿基)	35.9	38.0	35.2	46.3	37.2	31.7	28.6	33.8
面筋指数	72		46	47			39	78
面团								
吸水量(mL/100 g)	58.8	60.5	63.8	64.0	58.2	52.5	62.8	64.3
形成时间(min)	4.0	3.0	3.0	3.5	4.2	2.0	2.5	4.3
稳定时间(min)	5.9	2.8	3.7	4.4	5.0	1.5	1.9	6.9
拉伸面积135(min)(cm²)								
延伸性(mm)								
最大拉伸阻力(E.U)								
烘焙评价								
面包体积(mL)								
面包评分								
蒸煮评价								
面条评分								82.5

样品编号	190370	190363	190503	190480	190368	2019XM0072	2019XMZ036	2019XMZ132
品种名称	中沃麦2号	中信麦99	中信麦99	中原175	众信麦9号	周麦22	周麦22	周麦22
样品来源	河北成安	河北成安	山东莱州	河北故城	河北成安	河南洛宁	河南渑池	河南新郑
达标类型	MG	MG	MS	MG	MG	—	—	—
籽粒								
粒色	白	白	白	白	白	白	白	白
硬度指数	66	61	61	67	52	53	56	59
容重(g/L)	787	791	791	801	811	787	773	800
水分(%)	9.7	9.9	10.2	10.3	10.3	13.0	12.8	12.1
粗蛋白(%,干基)	12.4	12.4	14.3	14.0	12.3	13.7	14.2	16.4
降落数值(s)	326	399	413	430	380	421	333	362
面粉								
出粉率(%)	69.0	73.0	72.9	69.8	68.0	67.3	63.7	67.3
沉淀指数(mL)	26.0	26.5	34.0	26.5	25.0	48.0	27.3	34.0
湿面筋(%,14%湿基)	30.6	26.9	33.2	30.5	29.4	29.9	31.5	42.7
面筋指数	62	74	74	50	60			
面团								
吸水量(mL/100 g)	59.7	56.0	59.0	63.0	52.9	55.5	57.0	60.3
形成时间(min)	3.4	4.8	5.0	3.2	1.5	5.0	2.5	3.7
稳定时间(min)	4.3	5.7	6.9	4.0	2.6	7.5	2.3	2.1
拉伸面积135(min)(cm²)						79		
延伸性(mm)						120		
最大拉伸阻力(E.U)						487		
烘焙评价								
面包体积(mL)								
面包评分								
蒸煮评价								
面条评分		82.0	82.0					

（续表）

样品编号	2019XMZ253	190027	190127	190115	190461	190447	190419	190214
品种名称	周麦22	周麦36	周麦36	周麦36	驻麦305	紫麦19	紫麦19	紫麦1号
样品来源	河南嵩县	河南濮阳	河南济源	安徽太和	河南驿城	安徽	安徽泗县	山东广饶
达标类型	MG	MG	—	MG	MS	MS	MG	MG
籽粒								
粒色	白	白	白	白	白	白	白	紫
硬度指数	61	66	63	56	67	40	55	64
容重(g/L)	770	841	828	793	842	821	786	823
水分(%)	11.4	10.4	10.1	11.3	13.3	13.0	10.5	9.3
粗蛋白(%,干基)	17.3	14.4	12.5	15.4	14.6	14.0	13.1	15.1
降落数值(s)	375	383	393	364	383	357	363	371
面粉								
出粉率(%)	67.5	70.8	71.0	69.0	68.4	64.9	67.4	69.0
沉淀指数(mL)	38.8	31.5	26.0	34.0	32.8	23.5	21.3	32.0
湿面筋(%,14%湿基)	37.4	33.2	26.9	33.2	35.2	30.5	30.8	39.0
面筋指数		62	90					48
面团								
吸水量(mL/100 g)	60.4	62.5	57.5	57.1	67.0	54.2	52.7	61.9
形成时间(min)	5.4	6.5	4.3	3.8	4.3	3.5	2.3	3.2
稳定时间(min)	4.6	5.3	7.1	5.1	6.5	6.2	2.6	3.3
拉伸面积135(min)(cm²)			62					
延伸性(mm)			141					
最大拉伸阻力(E.U)			356					
烘焙评价								
面包体积(mL)								
面包评分								
蒸煮评价								
面条评分		82.5	82.5	80.0	84.0	80.0		

5 弱筋小麦

5.1 品质综合指标

中国弱筋小麦中，达到中筋小麦标准（MG）的样品 1 份；达到 GB/T 17893 弱筋小麦标准（WG）的样品 2 份；未达标（—）的样品 3 份。弱筋小麦主要品质指标特性如图 5-1 所示，达标小麦样品比例如图 5-2 所示。

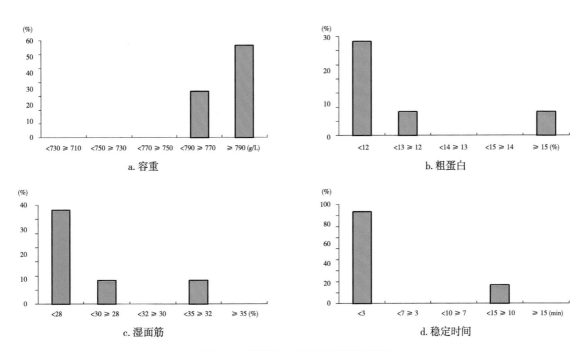

图 5-1　弱筋小麦主要品质指标特征

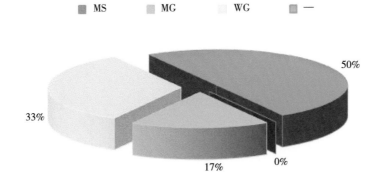

图 5-2　达标小麦样品比例

5.2 样本质量

2019年弱筋小麦样品品质分析统计，如下表所示。

表 样品品质分析统计

样品编号	190214	190258	190329	190350	190251	190351
品种名称	紫麦1号	国红6号	国红6号	国红6号	扬麦20	扬麦20
样品来源	山东广饶	江苏如皋	江苏大丰	江苏大丰	江苏昆山	江苏溧阳
达标类型	MG	—	—	WG	WG	MG
籽粒						
粒色	白	红	红	红	红	红
硬度指数	64	56	51	51	52	59
容重(g/L)	823	785	797	805	784	817
水分(%)	9.3	11.0	10.5	10.1	12.2	10.6
粗蛋白(%,干基)	15.1	11.1	15.8	11.1	10.2	12.3
降落数值(s)	393	325	380	378	319	371
面粉						
出粉率(%)		66.0	67.0	61.0	68.0	65.0
沉淀指数(mL)	32.0	20.5	37.0	21.0	20.0	26.5
湿面筋(%,14%湿基)	39.0	23.2	34.7	21.8	20.5	25.3
面筋指数	48	88	73	79	98	80
面团						
吸水量(mL/100 g)	61.9	54.8	52.7	53.9	52.4	59.7
形成时间(min)	3.2	1.4	2.3	1.4	1.0	3.9
稳定时间(min)	3.3	1.9	10.5	1.7	1.3	4.7
拉伸面积135(min)(cm²)			100			
延伸性(mm)			115			
最大拉伸阻力(E.U)			669			
烘焙评价						
面包体积(mL)						
面包评分						
蒸煮评价						
面条评分						

6 附录

6.1 面条制作和面条评分

称取 200 g 面粉于和面机中,启动和面机低速转动(132 r/min),在 30 s 内均匀加入计算好的水量[每百克面粉(以 14% 湿基计)水分含量 30% ±2%],继续搅拌 30 s,然后高速(290 r/min)搅拌 2 min,再低速搅拌 2 min。把和好的颗粒粉团倒入保湿盒或保湿袋中,置于室温醒面 30 min。制面机(OHTAKE-150 型)轧距为 2 mm,直轧粉团 1 次、三折 2 次、对折 1 次;轧距为 3.5 mm,对折直轧 1 次,轧距为 3 mm、2.5 mm、2 mm 和 1.5 mm 分别直轧 1 次,最后调节轧距,使切成的面条宽为 2.0 mm,厚度 1.25 mm ± 0.02 mm。称取一定量鲜切面条(一般 100 g 可满足 5 人的品尝量),放入沸水锅内,计时 4 min,将面条捞出,冷水浸泡 30 s 捞出。面条评价由 5 位人员品尝打分,评分方法见面条评分方法(表 6-1)。

表 6-1 面条评分方法

色泽 20 分		表面状况 10 分		硬度 10 分		黏弹性 30 分		光滑性 20 分		食味 10 分	
亮白, 亮黄	17~20	结构细密, 光滑	8~10	软硬 适中	8~10	不黏牙, 弹性好	27~30	爽口, 光滑	17~20	具有麦 香味	8~10
亮度 一般	15~16	结构一般	7	稍软 或硬	7	稍黏牙, 弹性稍差	24~26	较爽口, 光滑	15~16	基本无 异味	7
亮度差	12~14	结构粗糙, 膨胀,变形	6	太软 或硬	6	黏牙, 无弹性	21~23	不爽口, 光滑差	12~14	有异味	6

6.2 郑州商品交易所期货用优质强筋小麦

郑州商品交易所期货用优质强筋小麦交割标准,如表 6-2 所示。

表 6-2 郑州商品交易所期货用优质强筋小麦交割标准

项 目				指 标		
				升水品	基准品	贴水品
籽粒	容重 (g/L)		≥		770	
	水分 (%)		≤		13.5	
	不完善粒 (%)		≤		12.0	
	杂质 (%)	总量	≤		1.5	
		矿物质	≤		0.5	
	降落数值 (s)				[300, 500]	
	色泽、气味				正常	
小麦粉	纯度		≥		80%	
	湿面筋 (14% 水分基)(%)		≥	32.0	31.0	29.0
	拉伸面积 (135min)(cm²)		≥	140	110	90
	面团稳定时间 (min)		≥	16.0	12.0	8.0

6.3 中强筋小麦和中筋小麦

中强筋小麦和中筋小麦品质分类指标，如表 6-3 所示。

表 6-3 中强筋小麦、中筋小麦（本报告标准）

项目		类型	
		中强筋小麦	中筋小麦
籽粒	容重 (g/L)	≥ 770	
	降落数值 (s)	≥ 300	
	粗蛋白质（干基）(%)	≥ 13.0	≥ 12.0
小麦粉	湿面筋 (14% 水分基)(%)	≥ 28.0	≥ 25.0
	面团稳定时间 (min)	≥ 6.0	< 6.0，≥ 2.5
	蒸煮品质评分值	≥ 80（面条）	≥ 80（馒头）

7 参考文献

中华人民共和国国家质量监督检验检疫总局．1999．中华人民共和国国家标准：GB/T 17892—1999．优质小麦—强筋小麦［S］．北京：中国标准出版社．

中华人民共和国国家质量监督检验检疫总局．1999．中华人民共和国国家标准：GB/T 17893—1999．优质小麦—弱筋小麦［S］．北京：中国标准出版社．

中华人民共和国国家质量监督检验检疫总局．2007．中华人民共和国国家标准：GB/T 21304—2007《小麦硬度测定 硬度指数法》［S］．北京：中国标准出版社．

中华人民共和国国家质量监督检验检疫总局．2013．中华人民共和国国家标准：GB/T 5498—2013《粮食、油料检验 容重测定法》［S］．北京：中国标准出版社．

中华人民共和国国家卫生和计划生育委员会．2016．中华人民共和国国家标准：GB 5009.3—2016《食品安全国家标准 食品中水分的测定》［S］．北京：中国标准出版社．

中华人民共和国国家标准局．1982．中华人民共和国农业行业标准：NY/T 3–1982《谷物、豆类作物种子粗蛋白质测定法（半微量凯氏法）》［S］．北京：中国农业出版社．

中华人民共和国国家质量监督检验检疫总局．2008．中华人民共和国国家标准：GB/T 10361—2008《谷物降落数值测定法》［S］．北京：中国标准出版社．

中华人民共和国农业部．2006．中华人民共和国农业行业标准：NY/T 1094.2–2006《小麦实验制粉 第2部分：布勒氏法 用于硬麦》［S］．北京：中国农业出版社．

中华人民共和国农业部．2006．中华人民共和国农业行业标准：NY/T 1094.4–2006《小麦实验制粉 第4部分：布勒氏法 用于软麦统粉》［S］．北京：中国农业出版社．

中华人民共和国国家卫生和计划生育委员会．2016．中华人民共和国国家标准：GB 5009.4—2016《食品安全国家标准 食品中灰分的测定》［S］．北京：中国标准出版社．

中华人民共和国国家质量监督检验检疫总局．2008．中华人民共和国国家标准：GB/T 5506.2—2008《小麦和小麦粉 面筋含量 第2部分：仪器法测定湿面筋》［S］．北京：中国标准出版社．

中华人民共和国国家粮食局．1995．中华人民共和国粮食行业标准：LS/T 6102—1995《小麦粉湿面筋质量测定法—面筋指数法》［S］．北京：中国标准出版社．

中华人民共和国国家质量监督检验检疫总局．2007．中华人民共和国国家标准：GB/T 21119—2007《小麦 沉淀指数测定 Zeleny 试验》［S］．北京：中国标准出版社．

中华人民共和国国家质量监督检验检疫总局．2006．中华人民共和国国家标准：GB/T 14614—2006《小麦粉 面团的物理特性 吸水量和流变学特性的测定 粉质仪法》［S］．北京：中国标准出版社．

中华人民共和国国家质量监督检验检疫总局．2006．中华人民共和国国家标准：GB/T 14615—2006《小麦粉 面团的物理特性 流变学特性测定 拉伸仪法》［S］．北京：中国标准出版社．

中华人民共和国国家质量监督检验检疫总局．2008．中华人民共和国国家标准：GB/T 14611—2008《小麦粉面包烘焙品质试验 直接发酵法》［S］．北京：中国标准出版社．